山洪灾害防御
实用指南

刘 超/陈 祥/杨玉喜/马 浩|著

Practical Guide for
Mountain Flood Disaster Prevention

中国科学技术大学出版社

内 容 简 介

本书结合安徽省山洪灾害防御实际,详细介绍了开展山洪灾害防御工作需具备的相关业务知识和基本要求。从建立健全责任制体系、预案编制与修订、防灾减灾知识宣传、防灾减灾知识培训、山洪灾害演练等方面出发介绍了山洪灾害临灾防御准备工作;从做好临灾监测、及时发布预警、提前组织转移、人员妥善安置四个步骤阐述山洪灾害防御工作流程;选取了国内发生的部分典型山洪灾害事件,总结其经验教训,为今后安徽省的山洪灾害防御提供参考。

本书旨在提高广大基层工作人员山洪灾害防御工作能力,增强群众防灾避灾意识,掌握基本的防灾避灾方法,可供水利、应急、自然资源等相关部门的科技人员、管理人员和决策人员以及大专院校相关专业师生参考。

图书在版编目(CIP)数据

山洪灾害防御实用指南/刘超,陈祥,杨玉喜,马浩著. —合肥:中国科学技术大学出版社,2021.8(2022.7 重印)

ISBN 978-7-312-05259-0

Ⅰ. 山… Ⅱ. ①刘… ②陈… ③杨… ④马… Ⅲ. 山洪—灾害防治—指南
Ⅳ. P426.616-62

中国版本图书馆 CIP 数据核字(2021)第 142861 号

山洪灾害防御实用指南

SHANHONG ZAIHAI FANGYU SHIYONG ZHINAN

出版	中国科学技术大学出版社
	安徽省合肥市金寨路 96 号,230026
	http://press.ustc.edu.cn
	http://zgkxjsdxcbs.tmall.com
印刷	合肥华苑印刷包装有限公司
发行	中国科学技术大学出版社
开本	710 mm×1000 mm 1/16
印张	11.75
字数	243 千
版次	2021 年 8 月第 1 版
印次	2022 年 7 月第 4 次印刷
定价	68.00 元

前　言

　　安徽省山洪灾害防治区总面积约 4.5×10^4 km²,涉及 9 个市、43 个县(市、区)、444 个乡镇、3 737 个行政村,人口近 1 000 万人。

　　山洪灾害来势猛、速度快、造成的损失严重,已经成为安徽省自然灾害中的主要灾种之一。皖南山区和大别山区,基岩多为坚硬耐蚀的花岗岩、片麻岩和其他变质岩,山体较高、坡度较陡,其中海拔 1 000 m 以上的和坡度大于 25°的山地占有相当的面积,因坡度较陡,花岗岩、片麻岩风化后多成为易滑动的石英砂砾,故山体植被一旦被破坏,水土就极易流失,再遇到长时间的强降雨作用极易形成滑坡或泥石流;皖南丘陵山地,尤其是黄山到牯牛降一带和九华山等地,基岩为坚硬耐蚀的花岗岩,山体较高,而这些山地的四周,尤其是在北部和沿江平原相邻的地区,为低山、丘陵,并有大量开阔的谷地、盆地,这些地区都极容易造成山洪灾害。防御山洪灾害、减轻灾害损失,是当前社会和各级人民政府的一项重要工作。一方面,我们要树立"以人为本"的观念,根据山洪灾害的致灾原因和特点,积极采取有效措施,防御躲避,保证人民群众的生命安全。另一方面,我们也应认识到,人类违背自然规律的活动对环境造成了破坏以及防灾意识淡薄也加重了山洪灾害的危害。所以,加强山洪灾害防御要科学论证、全面规划、逐步治理,从根本上减少人员伤亡和财产损失。

　　为牢记历史教训,增强广大山丘地区群众防灾避灾能力,安徽省水利厅会同安徽省(水利部淮委)水利科学研究院编写了本书,旨在提高广大基层工作人员山洪灾害防御工作能力,增强群众防灾避灾意识,掌握基本的防灾避灾方法,可供水利、应急、防汛、自然资源等相关部门的科技人员、管理人员和决策人员以及大专院校相关专业师生参考。

　　本书共分 6 章:第 1 章为"基础知识",介绍山洪灾害防治的基础知识和基本要求。第 2 章为"临灾防御准备工作",从建立健全责任制体系、预案编制与修订、防灾减灾知识宣传、防灾减灾知识培训、山洪灾害演练等方面出发介绍山洪灾害临灾防御准备工作。第3章为"山洪灾害防御工作流程",分做好临灾监测、及时发布预警、提前组织转移、人员妥善安置4个步骤阐述山洪灾害防御工作流程。第4章为"监测预警设施设备",详细介绍了安徽省山洪灾害防治体系中常见的监测预警设施设备的应用和故障诊断处理。第5章为"典型山洪灾害防御案例",对安徽省宁国市"2019.8.10"山洪灾害、黄山市"2013.6.30"山洪灾害进行了介绍,并选取了全国部分典型的山洪灾害事件,总结其经验和教训,为今后安徽省的山洪灾害防御提供参考。第6章为"相关规范文件",给出了安徽省山洪灾害防御工作中常用的规范性、示范性文件。

本书在编写过程中主要参考了《山洪灾害的群测群防》《中国山洪灾害和防御实例研究与警示》等文件、著作和技术标准,引用了其中较多的山洪灾害基础知识和案例。本书的编写得到了安徽省水利厅、安徽省(水利部淮委)水利科学研究院等单位领导和专家的支持,在此一并致谢。

由于作者水平有限,加之时间仓促,难免存在不足之处,望业界专家学者、同行以及广大山洪灾害防治、防御工作者海涵并提出宝贵意见。

作　者

2021年2月

目　　录

第1章 基础知识

不同于一般的洪涝灾害,山洪灾害防御是一项较为复杂的系统工程。河道洪水泛滥造成的破坏一般是容易恢复的,而山洪造成的破坏则很难甚至无法恢复,因此我们必须重视对山洪灾害的防御,了解山洪灾害特性,防止和减少山洪暴发造成的危害。

1.1 气 象 水 文

1.1.1 降雨

降雨是指在大气中冷凝的水汽以不同方式下降到地球表面的大气现象。降雨量是指在某一时段内,从天空降落到地面上的降雨,未经蒸发、渗透、流失而在水平面上积聚的深度,以毫米计算。根据国家标准《降水量等级》(GB/T 28592—2012),降雨量等级划分为零星小雨、小雨、中雨、大雨、暴雨、大暴雨以及特大暴雨共7级,详见表1.1.1。

表 1.1.1　降雨等级划分

(单位:mm)

等　级	时段降雨量	
	12 h 降雨量	24 h 降雨量
零星小雨	<0.1	<0.1
小雨	0.1~4.9	0.1~9.9
中雨	5.0~14.9	10.0~24.9
大雨	15.0~29.9	25.0~49.9
暴雨	30.0~69.9	50.0~99.9
大暴雨	70.0~139.9	100.0~249.9
特大暴雨	>140.0	>250.0

1.1.2 台风

台风属热带气旋的一种,热带气旋是生成于热带或副热带洋面上,具有有组织的对流和确定的气旋性环流的非锋面性的天气尺度的涡旋的统称。它如同在流动江河中前进的涡旋一样,一边绕自己的中心急速旋转,一边随周围大气向前移动。在北半球热带气旋中的气流绕中心呈逆时针方向旋转,在南半球则相反。根据《热带气旋等级》(GB/T 19201—2006),热带气旋分为热带低压、热带风暴、强热带风暴、台风、强台风和超强台风共 6 个等级,详见表 1.1.2。

表 1.1.2　热带气旋等级划分表

热带气旋等级	底层中心附近最大平均风速(m/s)	底层中心附近最大风力(级)
热带低压(TD)	10.8～17.1	6～7
热带风暴(TS)	17.2～24.4	8～9
强热带风暴(STS)	24.5～32.6	10～11
台风(TY)	32.7～41.4	12～13
强台风(STY)	41.5～50.9	14～15
超强台风(Super TY)	＞51.0	≥16

1.1.3 梅雨和梅雨锋

每年 6 月中旬东亚季风推进到江淮流域。此时,在江淮流域出现连阴雨天气,而且降水集中,往往雨量很大,由于这一时期长江以南地区的梅子成熟了,所以也称之为"梅雨"。在此期间空气湿度较大,东西极易发霉,也有人称之为"霉雨"。梅雨期间,在江淮流域通常会维持一个准静止的锋面,称为"梅雨锋",梅雨锋的东段可伸展到日本。国际上一般把中国整个东部地区的夏季降水都称为梅雨。在长江中下游地区可出现两类梅雨:典型梅雨和早梅雨。

所谓典型梅雨,正常年份一般于 6 月中旬开始入梅(安徽省常年入梅时间是 6 月 16 日),7 月上中旬出梅结束(常年是 7 月 10 日),出梅以后长江中下游地区一般会出现盛夏酷暑天气。有些年份,如 1958 年、1965 年、1978 年,主要雨带从华南一跃而至华北,未在长江流域停留,这种现象称为"空梅"。所谓"早梅雨"是出现于 5 月份的梅雨,通常始于 5 月中旬,梅雨持续两周左右。同典型梅雨不同,早梅雨出梅以后雨带不是北跳而是南退,如果以后雨带再次北跳,就会出现典型梅雨。也就是说,一年内可能出现两段梅雨,如 1991 年长江中下游地区和淮河流域洪水泛滥就是由开始于 5 月 19 日的早梅雨和随后的典型梅雨引发的。

当梅雨锋形成并伴有低空急流(对流层下部强而窄的西南气流带)、锋面低压

(中心气压低于周围的大型水平涡旋)时,通常会形成暴雨、龙卷、雷暴等剧烈天气。梅雨锋在安徽省上空南北摆动或静止,是造成安徽省梅雨洪涝的主要原因。

1.1.4 副热带高压

在南北半球的副热带地区,经常维持着近似地沿纬圈排列的高压带。受海陆分布的影响,高压带常断裂成6~7个高压单体,这些单体称为副热带高压。在北半球,副热带高压主要出现在太平洋、印度洋、大西洋和北非大陆上。出现在西北太平洋上的副热带高压称为西太平洋副高,其西部的高压脊在夏季可伸入我国大陆。

副热带高压是制约大气环流变化的重要天气系统之一,它的活动对中、低纬度的天气变化起着极为重要的作用,对中、高纬度的环流演变也常有很大影响,而且还直接影响和控制台风的活动。特别是在太平洋副热带高压西部的脊于夏季伸入我国大陆时,对我国夏季天气会产生重大影响。

在西太平洋副热带高压的不同部位控制下的天气不尽相同。在高压脊附近的主体部分,辐散下沉气流较强,多为晴热天气。盛夏季节安徽省经常出现的伏旱天气,就是由西太平洋副热带高压脊持久地控制长江中、下游及以南地区造成的。

在副热带高压脊的西北侧多西风槽、气旋和锋面活动,辐合上升气流较强,多阴雨天气。在副热带高压脊的南侧盛行东风气流,当其中无气旋性扰动时,一般天气晴好;但当有东风波、台风等热带天气系统活动时,则常出现云、雨、雷暴、大风和暴雨等恶劣天气。

副热带高压的季节活动与我国大陆上的主要雨带的季节性位移有密切联系。在一般情况下,西太平洋副热带高压于4月中旬开始活跃北进;5月中旬到6月上旬副热带高压脊线北进到20°N附近,造成华南地区雨季;6月中旬到7月中旬副高脊线北进到20°~25°N形成江淮梅雨;7月底副高脊线北进到30°N附近,华北、东北进入雨季,长江流域梅雨结束;有时副高脊线会达到35°N附近,台风容易对安徽省产生较大影响。9月上旬,脊线南退到25°N,雨带也回到淮河流域;10月上旬,脊线继续南退到20°N以南,雨带也随之南移到华南沿海地区,台风季节基本结束。

1.1.5 水系及流域

水系是由河流的干流、各级支流以及流域内的湖泊、沼泽或地下暗河构成的脉络相通的一个系统,我国习惯上把较大的河流及其支流所属范围称为某河水系。流域是地表水和地下水的分水线所包围的集水区域或汇水区,习惯上是指地表水的集水区域,水系和各级支流都有相应的流域。河流流域的几何特征包括河长、河流比降、河流断面、水位、流量、流域面积、分水线、长度和平均高程等。

1. 河长

河长为自河源沿河道至河口的长度(图1.1.1)。河源指河流最初具有地表水流形态的地方,为河流的发源地。河口是河流入海、入湖或汇入更高级河流处,为河流的终点。一条河流沿水流方向,自高向低可分为河源、上游、中游、下游和河口5段。

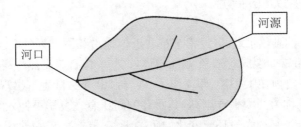

图 1.1.1　河长计算示意图

2. 河流比降

河源与河口的垂直高差称为河流的落差;某一河段两端的高度差称为这一河段的落差;落差大表明河流的水能资源丰富。落差与河长的比值称为河流比降,比降越大,河道汇流越快。

3. 河流断面

河流断面分为纵断面及横断面。

(1)纵断面:沿河流中线(也有取沿程各横断面上的河床最低点的)的剖面,测出中线以上(或河床最低点)地形变化转折的高程,以河长为横坐标,高程为纵坐标,即可绘出河流的纵断面图。纵断面图可以表示河流的纵坡及落差的沿程分布。

(2)横断面:河槽中某处垂直于水流方向的断面称为在该处河流的横断面(图1.1.2)。它的下界为河底,上界为水面线,两侧为河槽边坡,有时还包括两岸的堤防。横断面又称为水断面,它是计算流量的重要参数。

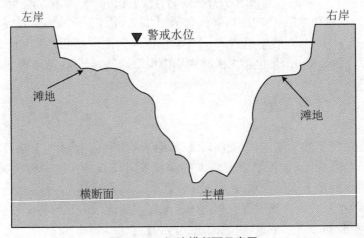

图 1.1.2　河流横断面示意图

4. 河网密度

单位面积河流总长度称为河网密度,表示一个地区河网的疏密程度。

5. 流量

单位时间内通过某一过水断面的水体体积称为流量。

6. 流域面积

在地形图上定出流域分水线,然后测量它所包围的面积即流域面积(图 1.1.3)。

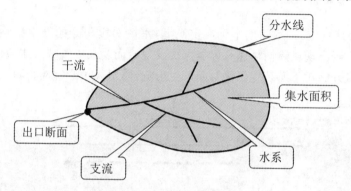

图 1.1.3   流域面积示意图

7. 流域分水线

分开相邻流域或河流地表集水的边界线称为流域分水线。

8. 流域长度

即流域的轴长,以流域出口为中心向河源方向作一组不同半径的同心圆,各圆与流域分水线相交形成割线,各割线中点的连线长度(图 1.1.4)。

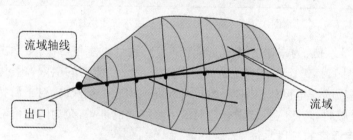

图 1.1.4   流域长度示意图

9. 流域平均高程

流域内各相邻等高线间的面积乘以其相应平均高程的积的和与流域面积的比值称为流域平均高程。

1.1.6   特征水位

水位是指自由水面相对于某一基面的高程,水面离河底的距离称水深。计算水位可以用某处特征海平面高程为零点水准基面,称为绝对基面,常用的是黄海基面;也可以用特定点高程为参照计算水位的零点,称为测站基面。水位是反映水体水情最直观的因素,它的变化主要是由水体水量的增减变化引起的。特征水位指的是反映水利工程工作状态的水位。

1. 河道堤防调度的三线水位

(1) 设防水位:为江水漫滩(地面),堤防开始挡水的水位。堤防管理人员必须巡查防守。

(2) 警戒水位:为堤防挡水到一定高度,水情对堤防开始产生影响(这一水位在历史上已经出现过险情且还有可能再次出现),而要加以警戒的水位。对应这个水位的流量开始对下游特定保护对象产生影响,防汛人员必须巡查防守。

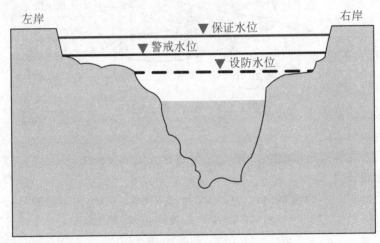

图1.1.5　河道堤防调度三线水位示意图

(3) 保证水位:为根据防洪标准确定的堤防设计洪水位,或历史上出现过的最高洪水位(图1.1.5)。保证水位是河流堤坝安全设计能力的上限,超过这个水位,就超出了堤坝的安全设计范围,开始对河流堤坝构成严重威胁,对下游特定保护对象构成严重威胁,防汛人员要做好应对最困难局面的准备,全力防守抢险。

2. 水库调度的三线水位

(1) 汛限水位:水库在汛期允许兴利蓄水的上限水位(图1.1.6)。

(2) 设计洪水位:根据水库大坝抗御洪水的能力所确定的坝前水位。

(3) 校核洪水位:为保护下游安全,按水库大坝抗御洪水的极限能力确定的坝前最高洪水位。

对水库而言,汛限水位是在设计的时候根据设计水位和防洪库容确定的,但是随着水库运行以及其他安全条件要求,原设计条件下的汛限水位可能不再适用,需要降低标准,这就有了结合实际的汛限水位,因此在汛前检查中,水库特征水位的适用性是一个重要的指标(图1.1.7)。

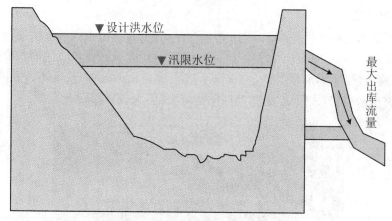

图 1.1.6　汛限水位与设计洪水位关系

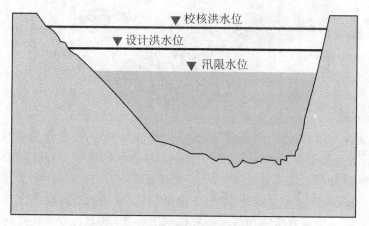

图 1.1.7　水库调度三线水位示意图

1.2　山洪与山洪灾害

1.2.1　基本概念

山洪是指由于短时强降雨、拦洪设施溃决等原因,在山丘区溪河形成的暴涨暴落的洪水及伴随发生的滑坡、泥石流的总称,其中以暴雨引起的溪河洪水最为常见。山洪灾害是指由降雨在山丘区引发的溪河洪水等对国民经济和人民生命财产造成损失的灾害,包括溪河洪水泛滥、泥石流、山体滑坡等造成的人员伤亡、财产损失、基础设施毁坏及环境资源破坏等。山洪灾害主要有以下 3 种表现形式。

1. 溪河洪水

溪河洪水也叫山溪性洪水,是一种最为常见的山洪,是山区溪河由暴雨引起的突发性暴涨暴落洪水(图1.2.1)。溪河性河流因其流域面积和河网调蓄能力都比较小,坡降较陡,洪水暴涨暴落,一次洪水过程短则几十分钟,长也不过几小时,因此溪河洪水来得快,去得也快,持续时间短,但涨幅大、洪峰高。

图1.2.1　溪河洪水暴发

2. 泥石流

泥石流是山区沟谷中,由暴雨、冰雪融化等水源激发的、含有大量泥砂石块的特殊洪流(图1.2.2)。其特征是往往突然暴发,浑浊的流体沿着陡峻的山沟前推后拥、奔腾咆哮而下,地面为之震动,声音犹如雷鸣,在很短时间内将大量泥砂石块冲出沟外,在宽阔的堆积区横冲直撞、漫流堆积,常常给人民群众的生命财产造成很大伤害。泥石流兼有滑坡和洪水破坏的双重作用,其危害程度往往比单一的洪水和滑坡更为严重,一次泥石流便可能造成一个村庄或一个城镇被淹埋。

图1.2.2　泥石流

3. 滑坡

滑坡是指斜坡上的土体或者岩体,受河流冲刷、地下水活动、雨水浸泡、地震及人工切坡等因素影响,在重力作用下,沿着一定的软弱面或者软弱带,整体地或者分散地顺坡向下滑动的自然现象(图1.2.3)。滑坡的情况往往出现在坡度大于20°的山坡。

图 1.2.3 滑坡

1.2.2 山洪灾害的成因

山洪灾害的致灾因素具有自然和社会的双重属性,其形成、发展与危害程度是降雨、地形地质(孕灾环境)等自然条件和人类活动(承灾体)等社会因素共同影响的结果,见图1.2.4。

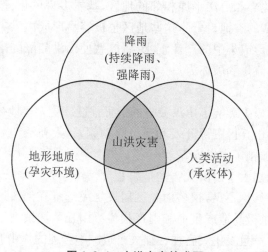

图 1.2.4 山洪灾害的成因

1. 降雨

降雨是诱发山洪灾害的直接因素和激发条件。山洪的发生与降雨量、降雨强度和降雨历时关系密切。特别是局部地区短历时强降雨,在山丘区特定的下垫面条件下,容易产生溪河洪水灾害。近年来,受全球气候变化和极端天气现象的影响,山洪灾害多发、频发。2005 年 6 月 10 日 12~15 时,黑龙江省宁安市沙兰镇降特大暴雨,3 h 降雨量为 120 mm,降雨强度为 200 年一遇,沙兰镇断面洪峰流量为 850 m^3/s,洪量约为 900×10^4 m^3;此次山洪灾害造成 117 人死亡,其中小学生 105 人。

安徽省地处南北气候的过渡地带,南北冷暖气团交汇频繁,天气多变,降水的年际变化较大。正常情况下,汛初江南先进入雨季,长江流域正常梅雨季节发生在 6 月上中旬到 7 月上中旬,约 27 天;淮河流域雨季从 6 月中下旬开始可延续到 9 月,汛末随着副高南退,雨区又由北向南退出安徽省。分析台风登陆路径可以发现,从福建、浙江两省登陆的台风次数多,对安徽省的影响范围和程度也较大。当台风影响安徽省时,产生大暴雨以至特大暴雨的概率很大。

2. 地形地质

特殊的地形地质是山洪灾害发生的潜在原因和载体。安徽省的山洪灾害主要集中发生在皖南山区和大别山区。大别山区位于江淮之间的西部,由于地面长期断块上升,基岩又多为坚硬耐蚀的花岗岩、片麻岩和其他变质岩,山体较高,坡度较陡,其中海拔 1 000 m 以上的和坡度大于 25°的山地占有相当的面积。因山地坡度较大,花岗岩、片麻岩风化后,多呈易滑动的石英砂砾状态,故山体植被一旦被破坏,水土极易流失,再遇到长时间的强降雨作用极易形成滑坡或泥石流。而皖南丘陵山地位于安徽省南部,成因为地面上升,尤其是黄山到牯牛降一带和九华山等地,因基岩为坚硬耐蚀的花岗岩,故山体高度较大,海拔多超过 1 000 m。在这些山地的周边,尤其是北部和沿江平原相邻的地区,基岩多易风化、侵蚀,故成为低山、丘陵,并有大量开阔的谷地、盆地,这些地区也极容易形成山洪灾害。部分小流域特殊的地形地貌易形成集中的产流汇水条件,致使山洪陡涨陡落,破坏力强,下垫面条件决定了洪峰流量和破坏力。

3. 人类活动

人类活动状况极大影响了山洪灾害的危害程度。受人多地少和水土资源的制约,为了发展经济,山丘区资源开发和建设活动频繁,人类活动对地表环境产生了剧烈扰动,导致或加剧了山洪灾害。

建房选址不当加大了山洪灾害的危害程度。由于人口增长、地形条件限制和对山洪灾害的危害认识不足,很多山丘区居民房屋选址在河滩地、岸边等地段,或削坡建房,一遇山洪极易造成生命和财产损失。山丘区城镇由于防洪标准普遍较低,容易进水受淹,一旦发生灾害往往损失严重。不合理的炸山开矿、削坡修路、筑坝建桥等工程建设和大面积的开矿、采石、筑路等活动也影响了山体稳定、缩窄了行洪通道,也是造成山洪灾害的重要原因。盲目的河滩宿营、野炊、旅游等人员活动进一步增加了遭遇山洪灾害的风险,由于流动人员主动防灾避险的意识淡薄、监测预警手段缺乏、避险转移不当,每年都会因山洪灾害导致人员伤亡。

4. 台风登陆带来强降水极易引发山洪泥石流等灾害

从近几年山洪灾害发生的情况来看,台风带来超强降水引发的山洪灾害每年都造成财产损失和人员伤亡,尤其是台风一旦深入内地,进入如安徽、江西等内陆省份甚至影响山东(2019 年"利奇马")、河北(2016 年"尼伯特")等省份时,往往造成多地山洪暴发。平均每年会有 23 个热带气旋生成,通常其中 7 个会在我国沿海登陆,最多年份达 12 个(1971 年)。台风可带来非常强的降雨过程,会出现日降雨 100～300 mm 的大暴雨,一些地方降雨量甚至有 500～800 mm。2005 年 9 月,受台风"泰利"影响,安徽省大别山区及沿江西部大部分地区降雨 200～600 mm,梅山、响洪甸、佛子岭等水库上游及巢湖地区局部降雨 300～600 mm,最大两天降雨量超过 300 mm 的站点有 16 个,超过 200 mm 的站点有 26 个,暴雨引发山洪、泥石流、滑坡、洪涝等多种灾害,因灾死亡 81 人,失踪 9 人,造成直接经济损失 62 亿元。2006 年 7 月 14～17 日,湖南省东南部、广东省东北部、福建省南部受第 4 号强热带风暴"碧利斯"外围云系影响引发超强暴雨,最大 24 h 和 12 h 降雨量分别为 343 mm 和 311 mm,强度约为 500 年一遇,暴雨山洪造成 618 人死亡,114 人失踪,其中湖南省死亡 417 人,失踪 109 人。2009 年台风"莫拉克"致台湾省嘉义市阿里山日最大降雨量 1 165 mm,造成 128 人死亡,307 人失踪。2015 年台风"苏迪罗"致浙江省平阳县日降雨量达 641 mm,造成浙江、福建等省 26 人死亡、失踪。2016 年台风"尼伯特"致福建省闽清县 3 h 降雨量达 212 mm,造成福建省 11 人死亡,23 人失踪。2019 年 8 月 10 日,受台风"利奇马"影响,安徽省宁国市遭遇特大暴雨,局部降雨超过 250 mm,平均降水量达到 210 mm,最大降水量甲路镇石门为 420 mm,9 个乡镇集镇被淹、房屋倒塌,因灾死亡 6 人,失联 2 人,直接经济损失达到 25.94 亿元。

1.2.3 山洪灾害的特征

山洪灾害在不同区域因降雨、地形地质和人类活动及其相互作用方式的不同而表现出空间、时间分布和危害程度等方面的差异。总体上来看,我国山洪灾害有以下基本特征。

1. 季节性

山洪灾害的发生与暴雨的发生在时间上具有高度的一致性。我国暴雨发生时间主要集中在 5～9 月,山洪灾害也主要集中在 5～9 月,尤其主汛期 6～8 月更是山洪灾害的多发期,在此期间发生的山洪灾害占总数的 80% 以上。

2. 突发性

我国大部分山丘区坡高谷深,暴雨强度大,产汇流快,洪水暴涨暴落。从降雨到山洪灾害形成历时短,一般只有几个小时甚至不到一小时,给山洪灾害的监测预警带来很大的困难。如 2005 年 6 月,黑龙江沙兰河上游突降暴雨,洪峰仅 1.5 h 便到达沙兰镇导致发生山洪灾害;2012 年 5 月,甘肃省岷县局部遭遇强降雨,仅 40 min 后便发生山洪灾害;2015 年 5 月,四川省雷波县强降雨仅 20 min 后便形成山洪灾害;2015 年 6 月 28 日深夜,安徽省金寨县汤家汇镇 2 h 内降雨 75.5 mm,短时强降雨引发多处山洪,造成 20 多间民房被毁,2 人死亡,5 人失踪。

3. 频发性

我国东部季风区的降雨高度集中于夏秋季节,且地形地质状况复杂多样,容易发生溪河洪水灾害,具有山洪灾害分布范围广、发生频繁的特点。我国除青藏高原内部山地外,几乎所有山地都有发生山洪灾害的记录。据不完全统计,全国有易发山洪的溪河 19 800 条,1950～2000 年发生山洪灾害 8.1 万次,平均每年 1 600 多次。

4. 群发性

暴雨作用下多条沟或多个点易同时遭受山洪灾害,大规模山洪和滑坡、泥石流地质灾害群发、并发,特大山洪灾害易发水库溃坝导致连锁灾害,因灾害链的放大性、级联性、突变性,会导致严重后果。

2010 年 8 月 8 日,甘肃省舟曲县白龙江左岸的三眼峪、罗家峪发生特大山洪泥石流,堵塞嘉陵江上游支流白龙江形成堰塞湖。

2013 年 6 月,安徽省皖南山区出现强降雨过程,降雨覆盖黄山市、宣城市的共 6 个县区。最大 1 h 降雨量超过 50 mm 的站点有 12 个,暴雨中心区域丰乐水库上游富溪站最大 1 h 降雨量达 92 mm。受强降雨影响,部分河道水位迅猛上涨,安徽全省有 4 座大型水库、16 座中型水库和 73 座小(Ⅰ)型水库超汛限水位;6 个县区 19.28 万人受灾,因灾死亡 12 人,失踪 2 人,直接经济损失 4.84 亿元。

2019 年 8 月 19 日,四川省汶川县发生持续降雨导致 6 个乡镇发生山洪、滑坡、泥石流灾害,龙潭水电站出现漫坝险情。

5. 难预防性

山洪灾害虽然在全国范围内年年发生、普遍发生,但就某个具体地点而言,严重山洪灾害往往是百年一遇的罕见事件,气象部门对局地短历时降雨预报精度偏低,可预见性差,难以达到工程措施治理标准,监测预报预警困难,导致乡镇尤其是村一级日常防灾工作往往被忽视,容易产生侥幸心理和麻痹思想。2019 年 7 月 21 日,江西省靖远县吕阳洞景区预报 24 h 降雨量 6 mm,实际 25 min 降雨量即达 40 mm。2015 年 8 月 3 日,陕西省西安市长安区山洪灾害事件中,事发地下游 1.7 km 处的小峪水库站 35 min 降雨量达 50 mm,为 30 年一遇特大暴雨,而事发地上游 0.8 km 处的里庄雨量站无降雨;当日 17 时 20 分左右,小峪河东侧石门岔沟突发山洪泥石流,将在小峪河村河道路边外侧就餐的 9 名群众冲入小峪河,导致 9 人全部遇难。

6. 破坏性

山丘区因山高坡陡、溪河密集、洪水汇流快,加之人口和财产分布在有限的低平地上,往往在洪水过境的短时间内即可造成大的灾害。灾害造成人员伤亡,冲毁农田,损毁基础设施,破坏生态环境。2005年,受第13号台风"泰利"影响,安徽省大别山区出现历史罕见超强度降水,这是有气象记录以来影响安徽省最严重的一次台风暴雨过程,强降水并引发山洪灾害,致使六安、安庆等7市27个县区发生灾情,全省受灾人口达677万人,因灾死亡81人,失踪9人,倒塌房屋8.7万间,损坏房屋17.7万间;2005年6月10日黑龙江沙兰镇山洪灾害导致117人死亡,其中小学生有105人;2010年8月7日,甘肃省甘南藏族自治州舟曲县突发强降雨,县城北面的罗家峪、三眼峪泥石流下泄,由北向南冲向县城,造成沿河房屋被冲毁,泥石流阻断白龙江,形成堰塞湖,特大山洪泥石流灾害造成1 501人死亡,264人失踪;2013年8月16日辽宁省清原县山洪灾害导致南口前镇58人死亡,84人失踪。

在全球气候变暖的大背景下,受我国特殊的自然地理环境、极端灾害性天气以及经济社会活动等多种因素的共同影响,突发性、局地性极端强降雨引发的山洪灾害导致大量人员伤亡的群死群伤事件时有发生。除人员伤亡外,山洪、泥石流、滑坡也常常毁坏和淤埋山丘区城镇,威胁村寨安全,冲毁交通线路和桥梁,破坏水利水电工程和通信设施,淹没农田,堵塞江河,淤高河床,污染环境,危及自然保护区和风景名胜区,严重制约我国山丘区经济社会的发展。

1.2.4 山洪灾害防治思路

山洪突发性强,来势猛,陡涨陡落,一次山洪过程历时短,成灾范围小且分散,但易造成人员伤亡。由于山洪灾害具有上述特性,若要对山洪灾害威胁区内的人员和财产以采取工程措施的方式进行保护,实现的难度太大也不经济。山洪灾害防治的总体思路是:立足于以防为主,防治结合,以非工程措施为主,非工程措施与工程措施相结合,形成综合防治体系(附录2)。

1. 以防为主,主要采用非工程措施

在非工程措施方面逐步形成了"一个总目标,两个体系"的基本技术思路,以有效减少人员伤亡为总目标,建立以自动雨量站、自动水位站和监测预警平台为主体的专业监测预警体系和以基层责任制体系、防御预案、宣传培训演练和简易监测预警设备设施为核心的群测群防体系,坚持"突出重点,兼顾一般"的原则,区分轻重缓急,积极稳妥地推进。在山洪灾害重点防治区全面建成非工程措施与工程措施相结合的综合防灾减灾体系;在一般防治区,初步建立以非工程措施为主的防灾减灾体系。

专业监测预警系统以气象预报为前导,以自动监测系统为基础,以监测预警平台与预报预警模型为核心,实现雨水情自动监测与预警决策;群测群防体系以县、

乡、村、组、户五级责任制体系为核心,以预案为基础,以简易监测预警设备为辅助手段,通过宣传培训演练,给群众提供简易监测设备和报警手段,向群众宣传避灾常识以提高群众的主动防灾避险意识。专业监测预警体系和群测群防体系互相结合、互为补充。

山洪灾害调查评价是建立"专群结合"的山洪灾害防御体系的基础。需要通过调查评价,查清山洪灾害防治区的范围、人员分布、社会经济和历史山洪灾害情况以及山丘区小流域的基本特征和暴雨特性;分析小流域暴雨洪水规律,对重点沿河村落的防洪现状进行评价,确定预警指标;划定山洪灾害危险区,明确转移路线和临时避险点。

2. 采用必要的工程措施

对山丘区内受山洪灾害威胁又难以搬迁的重要防洪保护对象,如城镇、大型工矿企业、重要基础设施等,要根据所处的山洪沟、泥石流沟及滑坡的特点,通过技术经济比较,因地制宜采取必要的工程治理措施进行保护。对山丘区的病险水库进行除险加固,消除防洪隐患。加强水土保持综合治理,减轻山洪灾害防治区水土流失程度,有效防治山洪灾害。

3. 人员搬迁与加强山丘区管理

对处于山洪灾害易发区、生存条件恶劣、地势低洼且治理困难地方的居民,考虑农村城镇化的发展方向及满足全面建成小康社会的发展要求,结合易地扶贫、移民建镇,引导和帮助他们实施永久搬迁。此外,进一步规范山丘区人类社会活动,使之适应自然规律,主动规避山洪灾害风险,避免不合理的人类社会活动导致的山洪灾害。加强对山洪灾害威胁区的土地开发利用规划与管理,威胁区内的城镇、交通、厂矿及居民点等建设要考虑山洪灾害风险,控制和禁止人员、财产向山洪灾害高风险区的流动;加强对这些地区的开发建设活动的管理,防止加剧或导致山洪灾害。

1.3　山洪灾害防御常识

1.3.1　山洪灾害防御基本要求

1. 做到"十个一"

为规范村级山洪灾害防御,对于行政村,要做到"十个一":

(1)建立一套责任制体系。包括包保责任体系和岗位责任。

(2)编制一个防御预案。村级山洪灾害防御预案包括一段文字、一张表和一张图。

（3）有基本的雨量监测设施。原则上自动监测网络覆盖，未覆盖的至少安装一个简易雨量报警器。

（4）配置一套预警设备，包括锣、高频口哨、手摇警报器，重点行政村配置一套无线预警广播。

（5）制作一个宣传栏。宣传栏一般放置在村委会、村民活动广场等人流量较大的地区。

（6）每年组织一次培训。对责任人和技术人员进行防灾避灾知识培训。

（7）开展一次演练。督促责任人熟悉防御流程，检验预案的可操作性。

（8）每个危险区确定一处临时避险点，以确保人员临灾高效、有序转移。

（9）设置一组警示牌，明确标志危险区、安全区、转移路线等。

（10）需转移的住户每户发放一张明白卡（含宣传手册），明确转移责任，提高群众的避灾意识。

2. 做到"四应有"

村（居）委会要做到以下"四应有"：

（1）应有山洪灾害防御方案和应急预案。

（2）应有山洪灾害防御值班制度、监测制度、巡查制度和速报制度。

（3）应有山洪灾害防御包保责任人、岗位责任人。

（4）应有山洪灾害防御简易监测工具。

3. 做到"四应知"

包保责任人、岗位责任人要做到以下"四应知"：

（1）应知辖区内山洪灾害危险区情况。

（2）应知需要转移的人员、转移路线以及安置地点。

（3）应知险情灾情报告程序和办法。

（4）应知灾害点监测时间和次数。

4. 做到"四应会"

包保责任人、岗位责任人要做到以下"四应会"：

（1）应会识别山洪灾害发生前兆。

（2）应会使用简易监测方法。

（3）应会对监测数据进行记录、分析和初步判断。

（4）应会指导防灾、避灾和应急处置。

1.3.2　灾害发生前注意事项

1.3.2.1　村民应掌握的山洪灾害知识

作为山洪易发区的居民，在日常生活、工作中必须做好以下准备工作：

一是每个人在平时应尽可能多学习、了解一些山洪灾害防御的基本知识,掌握自救逃生的本领。

二是无论是在室内还是在野外活动,都必须首先观察、熟悉周围环境,选定紧急情况下躲灾、避灾的安全路线和地点。

三是多留心可能发生山洪的前兆,动员家人做好随时安全转移的思想准备。

四是根据自己的判断,在认定情况危急时,除及时向主管人员和邻里报警外,应先将家中的老弱、儿童及贵重物品提前转移到安全地带。

五是事前积极投保灾害保险,尽量减少灾害损失,提高灾后恢复能力。

1.3.2.2　村民应熟悉的当地情况

(1) 村民应熟悉当地的危险区、安全区的划分。

(2) 村民应熟悉当地的转移、撤退路线。

(3) 村民应熟悉当地的安置地点。

(4) 村民应熟悉当地的山洪灾害防御责任人。

(5) 村民应熟悉当地的预警信号。

1.3.2.3　山洪灾害对人民群众生命安全的威胁

山洪暴发区域人民群众生命安全的主要威胁一是暴涨的河水,二是泥石流,三是滑坡崩岸。

山洪发生时,由于降雨量大,流域上形成的地面径流量很大,但山区溪河的河道狭窄,阻力较大,水流宣泄不畅,会造成溪河水位暴涨,水流速度增大(水流速度可超过 10 m/s)。此时,居住在干河道内或低洼地带以及在低于河道处劳动、行走、休息的人们,如避让不及落水,就会被湍急的河水卷走,很难自救,极易发生人员伤亡。

泥石流发生时(特别是在夜晚和黎明),水流夹杂着大量的砂、石、泥土突然从山坡的高处宣泄而下,将所经之处的房屋、作物等尽数冲毁,若人、畜躲避不及,就会被泥石流埋没造成伤亡。

当滑坡发生时,大面积的山体滑向河流和谷地,这时就会将居住、工作、行走在滑坡体上或滑坡体下方的人群掩埋,造成人员伤亡。

另外,泥石流和滑坡还毁坏通信、交通设施,可使在偏僻地域工作、旅游的人无法返回和得不到救援,从而导致人员伤亡。

1.3.2.4　观察天气征兆躲避山洪灾害

在春、夏季节,应提高对山洪的警惕:

(1) 平时要注意收听广播、收看电视,了解近期是否有发生暴雨的可能。

(2) 平时掌握一些关于天气的民间谚语,如"有雨山戴帽,无雨云拦腰""早霞不出门,晚霞行千里""清早宝塔云,下午雨倾盆""青蛙叫,大雨到"等。

（3）早晨天气闷热，甚至感到呼吸困难，则午后往往有强降雨发生。

（4）早晨见到远处有宝塔状墨云隆起，一般午后会有强雷雨发生。

（5）多日天气晴朗无云，天气特别炎热，忽见山岭迎风坡上隆起小云团，一般午夜或凌晨会有强雷雨发生。

（6）炎热的夜晚，听到不远处有沉闷的雷声忽东忽西，一般是暴雨即将来临的征兆。

（7）看到天边有漏斗状云或龙尾巴云时，表明天气极不稳定，存在雷雨大风来临的可能。

1.3.2.5　容易受山洪灾害威胁的人群

根据历年山洪灾害资料分析，下列几种人群容易受到山洪灾害威胁：

（1）切坡建房不加防护或将房屋建在陡坎或陡峻的山坡脚下的居民，其最易遭受山洪的威胁。

（2）宅基地选择缺乏防洪意识，轻信所谓"风水"，在溪河两边位置较低处、双河交叉处及河道拐弯凸岸处建宅的居民，其最易遭受山洪威胁，因这些地带都是洪水直接冲刷的地方，不宜建房。

（3）在溪河桥梁两头空地随意建房居住的人群。其并未考虑到暴发的山洪往往夹带许多砂石及柴草树木，会堵塞桥梁拱涵，易导致洪水壅涨，冲毁桥梁或桥头，对人员与财产造成危害。

（4）在山洪易发区内的残坡积层较深的山坡地或山体已开裂的易崩易滑的山坡地上建房的居民。如遇特大暴雨侵蚀冲刷，山体可能崩塌滑坡，居民生命财产安全会受到威胁。

（5）不了解山洪暴发信息或预测不到暴雨强度，擅自在山洪易发区的高山上、陡峻山坡下、溪河两岸活动，或遇持续强暴雨，晚上在房屋里歇息、毫无思想准备的人群，最易遭受山洪的威胁。

（6）在山洪暴发、洪水猛涨期间，为了赶时间，就近随意过河、过桥、过渡的人群；见溪河中漂浮的木材、家具等，不顾安全，站在洪水猛涨的溪河边或乘竹排、木排、木桶或船只抢救财产，打捞漂浮物的，最容易出现危险。

所以，山区居民在建房、修路、架桥时，必须遵守自然规律，用严谨、科学的态度建设美好的山乡家园，注意防灾避灾，避开山洪灾害对自身的威胁。

1.3.2.6　山洪易发区建设用地选择

1. 建房位置选择

（1）无防护的切坡或陡坎或陡坡脚下，最易受到山洪的威胁，不宜建房。

（2）溪河（图 1.3.1）出口两岸、两河交汇处及河道拐弯的弯道处，均易受洪水直接冲刷，不宜建房。

（3）桥梁两头因山洪暴发时往往夹带许多砂石及柴草树木容易堵塞桥梁拱涵，导致洪水壅涨，遭到冲毁，不宜建房。

（5）宅基地选择应尽量远离河道，特别是不要填河建房；宅基地还应高出历史洪水线（历史洪水线就是历史上发生在某河段的最大洪水淹没的最高点水位线）。

2. 宅基地选择

（1）应尽量避免将宅基地选择在高山陡坡或在无防护的切坡，因这些地带很容易受滑坡、泥石流毁坏。

（2）宅基地应该高出当地历史洪水线。

（3）溪河出口两岸、两河交汇处及河道拐弯处，均易受洪水直接冲刷，不宜选为宅基地。

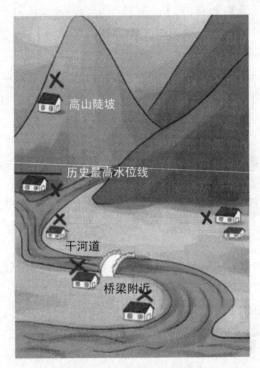

图 1.3.1 不宜建房的地方

（4）山洪暴发时常携带大量柴草树木，容易堵塞桥梁拱涵，导致洪水壅涨，冲毁桥梁或桥头，故桥梁两头不宜选为宅基地。

（5）宅基地选择应尽量远离河道，特别是不要填河建房。

3. 工程建设用地选择

（1）公路、机耕道、桥梁必须经过交通、水利等主管部门批准后方可修建。

（2）公路、机耕道线路的选取应尽量避开河道，如必须沿溪靠河，则必须保证河道的过水断面通畅，并且高于历史洪水位。

（3）山坡上的公路、机耕道必须修通内边排水沟，以免积水渗漏造成道路塌方,中断交通,阻塞河道。

(4) 桥梁、拱涵必须经相关专业技术人员测算其过水断面以满足洪水行洪需求,以免壅涨洪水,冲毁桥梁。

(5) 桥梁、公路的选址应尽量避免滑坡易发区,如必须经过滑坡易发区,则须做好防护工作。

(6) 厂矿企业的选址应参照宅基地选址原则,避开山洪、泥石流、滑坡等灾害易发区。

1.3.2.7　中、小学校防范山洪灾害

1. 校址的选取

中、小学校的选址除要满足普通建筑的一般要求外,还应考虑到学生人数众多,疏散不易,而且未成年人在山洪到来时容易慌张失措,导致混乱。因此学校的选址应该远离山洪易发区,且建在较开阔的地点,在山洪暴发时应能够及时撤离;并且必须提前设定好安全通道和撤退路线。

2. 防汛负责人及防汛预案

学校应设定防汛负责人专门负责防汛工作,负责在洪水来临时组织学生撤离及安置;平时应做好防汛预案,使校园防汛工作有章可循。

3. 学生往返校园途中的注意事项

(1) 暴雨天气,注意观察途中水位变化,一旦出现异常,迅速向高处逃生。

(2) 如路途为临河路,不要沿河边走,防范洪水掏空路基导致落水。

(3) 不要玩水,不要在河边、桥上看水。

(4) 如果遭遇洪水,应向两侧山坡高处跑,不要顺河流方向跑。

(5) 要警惕滑坡、崩塌,不要在石岩、陡坡下避雨。

4. 山洪发生时对策

(1) 山洪发生时,学生应听从防汛负责人、教师的指挥有序撤离,不要惊慌失措,到处乱跑。

(2) 如来不及撤离,可先组织学生转移到房顶或地势较高处,等待救援。

(3) 防汛负责人以及教师应该有效利用通信设施,及时预警,寻求救援。

(4) 无通信条件时,可通过制造烟火、挥动颜色鲜艳的衣物或集体大声呼救来向外界发出紧急求助信号。

(5) 积极采取自救措施,寻找体积较大的漂浮物,如木质课桌、泡沫板等作为撤离工具。

(6) 对于年龄较小,无自救能力的学生,学校应组织人员帮助转移。

5. 灾后防疫

大灾过后往往容易伴发疫情,要确保灾后人员安全,应积极做好灾后的疫情防治工作,全面开展校园、教学工具等的消毒、防疫工作。

6. 日常防汛宣传、教育

学校教职员工除自身要加强防灾避灾意识外,还应利用校园广播、黑板报、校园网等向师生开展防汛宣传教育,广泛开展防汛避灾教育和自救逃生演练,提高学生的应急避险能力。有关部门也可组织一些防汛知识进校园活动,增强学生的防汛意识。

1.3.2.8 破坏山洪灾害防御的违法行为

(1)在明令禁止的陡坡地、荒坡地开垦农田种植作物的;毁林开荒、烧山开荒,在林区乱砍滥伐等严重造成水土流失的。

(2)在县级以上人民政府划定的崩塌坡危险区、泥石流灾害易发区范围内取土、挖砂或采石的。

(3)破坏雨量站、水文测量网点、防汛预警预报设备设施的。

(4)往河流乱倒垃圾、土石、矿渣等废弃物,在河道中违规采砂的(图1.3.2)。

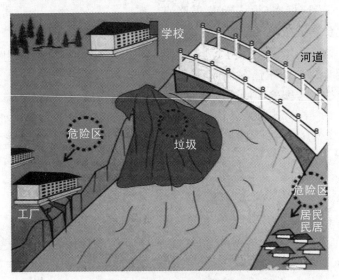

图 1.3.2 违规向河流乱倒垃圾

(5)未经批准擅自在干河道中修建违章建筑物、种植高秆作物阻碍行洪的。

(6)破坏、毁坏河岸堤防工程设施;封堵河道;未经上级有权限的机关批准,擅自改变河水流向的。

(7)破坏防御滑坡、崩塌、泥石流等的工程设施的。

(8)破坏山洪灾害易发区水库大坝及其附属设施的。

1.3.3　灾害发生时注意事项

1.3.3.1　山洪暴发时如何应急避险

山洪灾害发生时一定要牢记:避险要科学,抢险要及时,救灾要迅速。

1. 避险转移

走出家门时,要清点人数,照顾好老、弱、病、残、孕,关心左邻右舍,按照应急预案规定的转移路线,有秩序地撤离。

2. 避险地点

可选择平整的高地、山地和梯田作为避险地;尽可能避开有滚石和大量堆积物的山坡;一定不要顺着山沟跑,而应向两侧山坡上转移,更不要在山谷和河沟部扎营;尽量离家近一点,缩短转移时间,便于救灾队接应(图1.3.3)。

在平整高地避险
避开山沟

吸引救援人员注意

清点人数
按预定路线撤离

警报解除再回家

图 1.3.3　山洪暴发应急避险示意图

3. 求救信号

要用树枝、石块和衣服等在野外的开阔处摆放出尽可能大的求救字样,并在求救字样的醒目位置布置红色或其他鲜艳的颜色,以引起搜救人员注意。

4. 灾情过后

雨停后,还可能发生次生灾害,一定要等一等,待上级发布解除警报通知后再回家。

1.3.3.2　山洪来临时如何预警

山洪灾害来势猛、成灾快,监测责任人或最早发现灾害的村民能否在第一时间快速、准确地发布预警是能否防御山洪灾害的关键。

(1) 平时做好宣传培训工作,使群众熟悉报警信号和应对办法。

(2) 一旦山洪暴发,监测责任人和第一发现人,应立即利用鸣锣、口哨、手摇报警器等预设的、群众了解的报警方式,迅速预警。

(3) 村(组)负责人在接到预警信号后,应第一时间利用高音喇叭等手段向全体村民预警。

(4) 上游村(组)应责无旁贷地向下游村(组)、居民报警。

(5) 发生灾害的村(组)、个人应采用手机、固定电话等方式迅速向当地政府及防汛部门报告,以便政府和防汛部门立即向下游更大范围发布警报、广播通知、通信预警及组织抢险救援。

(6) 居民在任何地点发现有滑坡迹象,应立即向周围人群发出预警信号;发现公路、桥梁等地有危险异常迹象,还应布置简易的警戒线,并及时向有关部门汇报,以便及时处理。

1.3.3.3　山洪来临时如何转移

1. 转移前的准备

(1) 汛期,居住在危险区的村民应做好安全转移准备,整理好必需物品(如手电筒、手提箱、背包)等。

(2) 村民日常生活中应熟悉了解预警信号及撤退路线,在接到预警信号后,必须在转移责任人的组织指挥下沿预定的撤退路线迅速有序转移,必须统一指挥、有序转移、安全第一。

2. 转移安置的原则和责任人

责任人应按先人员后财产,先老、幼、病、残、孕,后一般人员的原则组织转移,并有权对不服从转移命令的人员采取强制措施。责任人必须在确定所有人员转移后最后撤离。

3. 个人转移事项

在突然遭遇山洪袭击时,要沉着冷静,以最快的速度撤离。脱离现场时须注意"方向对,跑得快",应该就近选择安全的路线向山坡上跑开,千万不要顺山坡向下跑或沿山谷出口往下游跑。

1.3.3.4　被洪水围困时怎样求救

在山丘环境下,无论是孤身一人还是聚集人群突遭洪水围困于基础较牢固的高岗台地或砖混结构的住宅楼时,只要有序固守等待救援或等待陡涨陡落的山洪消退后即可解围。

如遭遇洪水围困于低洼处的岸边、干坎或木结构的住房里,在情况危急时:

(1) 有通信条件的,可利用通信工具向当地政府和防汛部门报告洪水态势和受困情况,寻求救援。

(2) 无通信条件时,可制造烟火、挥动色彩鲜艳的衣物或集体同声呼救,不断向外界发出紧急求助信号,以求尽早得到解救。

(3) 积极采取自救措施,寻找体积较大的漂浮物等。

1.3.3.5 住宅被淹时如何避险

洪泛区低洼处来不及转移的居民的住宅常易遭洪水淹没或围困,在这种情况下应:

(1) 安排受困人员向屋顶转移,并稳定好他们的情绪。

(2) 想方设法发出求救信号,尽快与外界取得联系,以便及时得到救援。

(3) 利用竹、木器物等漂浮物将受困人员护送至附近的高大建筑物上或较安全的地点。

1.3.3.6 怎样救助被洪水围困的人群

由于山洪汇集快、冲击力强、危险性高,所以必须争分夺秒救助被洪水围困的群众。任何人接到被围困的人员发出的求助信号时应:

(1) 以最快的速度传递求救信息,报告当地政府和附近群众,并直接投入救助行动。

(2) 接到报警后,当地政府和基层组织应在最短的时间内组织、带领抢险队伍赶赴现场,充分利用各种手段全力救助被困群众。

(3) 行动中要不断做好受困人群的情绪稳定工作,防止发生新的意外,特别要注意防备在解救和转送途中有人重新落水,以确保全部人员安全脱险。

(4) 仔细做好脱险人员的临时生活安置和医疗救护等保障工作。

1.3.3.7 来不及转移时如何自救

(1) 山洪到来时,来不及转移的人员,要就近迅速向山坡、高地、楼房、避洪台等处转移,或者立即转移到屋顶、楼房高层、大树、高墙等处暂避。

(2) 如山洪继续上涨,暂避的地方即将难以自保,则要充分利用现有的救生器材逃生,迅速找一些门板、桌椅、木床、大块泡沫塑料等能漂浮的材料扎成筏逃生。

(3) 如果已被洪水包围,要尽快设法与当地政府、防汛指挥部门取得联系,报告自己的方位和险情,积极寻求救援。注意:千万不要游泳逃生,不要攀爬电线杆、输电铁塔,也不要登上土坯房的屋顶躲避。

（4）如已卷入洪水中，一定要尽可能抓住固定物或能攀附的漂浮物，寻求逃生机会。

（5）发现高压线铁塔倾斜或者电线断头下垂时，一定要迅速远避，防止触电。

1.3.4　灾害发生后注意事项

1.3.4.1　灾民的安置

1. 安置方式

转移以后的安置，通常根据受灾点需安置的人数不同采取不同的方式进行：

（1）当人数较少时，可用投亲靠友或者在安全区对户挂靠的方式分散安置，使灾民迅速安定下来。

（2）当人数较多时，有条件的可以利用安全区内的村委、学校等公用房屋安置；没有条件的则可以通过搭建临时帐篷，以村为单位进行集中安置、统一管理。

2. 安置管理

在各个灾民安置点上，综合配备组建临时的救助管理机构和相应的专业人员，统一领导、分工负责、分级管理：

（1）摸清情况，做好灾民的粮油、食品、饮用水、衣被等基本生活物资的发放供应。

（2）切实帮助灾民突击抓好危房搬迁和选址建房工作，使临时安置的灾民能够早日重返家园。

（3）加强安全巡逻执勤和对灾民原有住宅的看护工作，制止和打击各种违法犯罪行为，特别是严防趁灾哄抢、盗窃财物的恶性案件，切实维护灾区的社会治安秩序，灾民亦应自觉遵守救灾秩序。

1.3.4.2　伤员的紧急处理

1. 出血的处理

迅速止血：如出血似喷射状，则为动脉破损，应在伤口上端即出血点与心脏端之间找到动脉血管（一条或多条），用手压住血管即可止血；如果伤员属四肢受伤亦可在伤口上端用绳布带等捆扎，松紧程度视出血状态而定，每隔 1～2 h 松开一次以免机体缺血坏死，同时进行观察并确定后续处理措施。

2. 伤口的处理

包扎伤口：找到并暴露伤口，迅速检查伤情，如有酒精或碘酒，应将伤口周围皮肤消毒后，用干净的毛巾、布条等将伤口包扎好。

3. 骨折的处理

对骨折的伤员，应进行临时固定，如没有夹板，可用木棍、树枝代替。固定的要领是尽量减少对伤员的搬动,肢体与夹板间要垫平,夹板要超过上下两关节,并固定绑好,将指尖或趾尖暴露在外。

4．严重外伤的处理

对严重的外伤伤员,应在紧急处理的同时迅速求得医务人员的帮助,并尽快护送至医院救治。

1.3.4.3　减少人员伤亡

最大限度地减少人员伤亡,是抗御山洪灾害的根本目的,集中体现在发生山洪灾害时要不死人、不伤人:

(1) 及时转移受威胁的下游群众,抢时间迅速解救被困人员使其安全脱险。

(2) 当住宅即将被淹时,在抢救程序上必须遵循先人员后财产的原则。

(3) 如遇家中老人不愿离开住宅时应强行将其转移出去。

(4) 对受伤人员在脱险后应就地实施紧急救护,伤情严重的应及时转送至当地医院治疗。

1.3.4.4　灾后的防疫救护工作

大灾过后往往容易伴发疫情,要确保灾后人员安全,必须积极做好灾后的疫情防治工作,全面开展受灾区及转移安置点上的医疗防治、救治工作:

(1) 认真做好房屋、水井及周围环境的灭菌消毒工作。

(2) 做好临时安置点的卫生工作,加强对粪便、农药及鼠药的管理,特别重视对食品和饮用水的安全检查。

(3) 密切掌握灾民的疫病动态,做好人群的紧急预防注射工作,提高灾民的免疫力。

(4) 积极做好伤病员的救护治疗和现场抢救,严重者应及时转送急救站或附近医院治疗。

1.3.4.5　饮用水的消毒

在洪水、暴雨等灾害发生后,饮用水常常会受到污染。要做到灾后无大疫,饮用水消毒是关键。饮用水消毒最常用的方法是氯化消毒和煮沸消毒,下面介绍两种常用的消毒办法:

(1) 缸水消毒:先将水缸中的水自然沉淀或用明矾澄清,然后将漂白粉晶片碾碎用冷水调成糊,按每 50 kg 水一片漂白粉晶片或 10% 漂白粉澄清液一汤勺的比例添加。储存的缸水用完后应及时清除沉淀物。

(2) 受淹井水消毒:应在水退后立即抽干被污染的井水,清掏污物,对自然渗水进行一次消毒(加氯浓度为 20~30 μg/g)后方可正常使用,要坚持经常性对井水进行消毒。

1.4　防汛组织常识

1.4.1　防汛指挥流程

防汛是政府应急管理的重要组成部分,必须坚持依法防控、依法履责、依法指挥、依法调度,落实以行政首长负责制为核心的各项防汛责任制。入汛后,各级防汛指挥长应密切监视天气变化,掌握雨情、水情、工情、灾情等信息,预测预报汛情发展趋势,及时发布预警,督促、指导做好防汛抗洪工作。一般指挥流程为"预报、会商、预警、响应、反馈"。

1. 预报

水文部门根据降雨情况及时做好河道、水库水位预报,对超警河道或超汛限的水库进行滚动预报,预报结果及时告知同级防办。

气象部门每天要及时将天气预报告知同级防办。气象部门要建立滚动预报和短时临近预报制度,当预报将有灾害性暴雨时,预报结果应及时书面告知同级防办、国土、住建等有关部门。

2. 会商

在汛期应建立正常会商制度。会商可采用电话会商、会议会商等形式。一般会商由防办主持,水利、气象、水文、国土相关部门参加。

有灾害性暴雨预报或汛情紧张时,由防指主持会商,由防指总指挥或受其委托的副总指挥主持,视情增加部队、民政、交通、住建、农业、经信、财政、旅游等有关防指成员单位参加,适当提高会商频次,并应形成会商报告。一般会商内容包括:

(1) 水文部门汇报雨情、水情及洪水预报情况。

(2) 气象部门汇报天气形势分析及可能出现的降雨区域、降雨量。

(3) 防办汇报险情、工情、灾情、工程调度及防汛工作开展情况。

(4) 国土部门汇报地质灾害防御情况。

(5) 其他参会部门汇报行业内防汛工作部署开展情况。

3. 预警

根据会商结果及气象、水文预报情况,需要发布预警的,防汛指挥机构通过手机短信和广播、电视、报纸等新闻媒体及时向社会发布防汛预警信息,并对相关地区防指及有关成员单位发出通知,要求各地做好防御工作。

各级指挥长要切实落实"把信息变为预警、把预警变为指令、把指令变为行动"的要求。县(市、区)级防指应及时将预警信息迅速传送到乡(镇、街)、村和重点防范单位,传送到重点区域的每一个危险点责任人。

4. 响应

接到预警信息后,有关防指和部门应迅速开展工作,部署落实防范措施,视情启动应急响应,特别是要及时转移受威胁区域的群众。乡(镇、街)、村接到预警信息后,要立即按照已制定的防汛、防台风和山洪泥石流灾害预案,采取电话、口头通知等多种形式,及时转移受威胁区域的群众。特殊情况下,乡(镇、街)、行政村应自行启动预案,转移受威胁的群众。

5. 反馈

各级防指应及时以书面、传真或电子邮件方式将预警执行情况反馈上级防指。

1.4.2　应急响应等级划分

根据《安徽省防汛抗旱应急预案》(皖政办秘〔2020〕36 号),安徽省防汛应急响应行动按洪涝灾害的严重程度和范围分为Ⅳ级(一般)、Ⅲ级(较大)、Ⅱ级(重大)和Ⅰ级(特别重大)4 级(本书仅对防汛相关内容进行阐述)。

1.4.2.1　响应条件

1. Ⅳ级响应条件

出现下列情况之一,为Ⅳ级响应条件:

(1) 长江或淮河流域发生一般洪水,或一条主要支流全线超过警戒水位。

(2) 长江、淮河干流堤防发生较大险情,或主要支流堤防发生重大险情。

(3) 大、中型水库发生较大险情,或重点小型水库发生重大险情。

(4) 发生受灾面积大于 500 万亩(1 亩≈0.067 公顷)的洪涝灾害。

(5) 台风可能或已经对安徽省产生影响。

(6) 其他需要启动Ⅳ级响应的情况。

2. Ⅲ级响应条件

出现下列情况之一,为Ⅲ级响应条件:

(1) 长江或淮河流域发生较大洪水,或干流发生 2 个以上主要控制站超过警戒水位的洪水。

(2) 长江、淮河干流堤防发生重大险情,或一般支流堤防发生决口。

(3) 大、中型水库或大型水闸发生重大险情,或小(Ⅱ)型水库发生垮坝。

(4) 发生受灾面积大于 800 万亩的洪涝灾害。

(5) 台风可能或已经对安徽省产生较重影响。

(6) 其他需要启动Ⅲ级响应的情况。

3. Ⅱ级响应条件

出现下列情况之一,为Ⅱ级响应条件:

（1）长江或淮河流域发生大洪水，或干流大部分河段发生超过警戒水位的洪水。

（2）长江、淮河干流一般堤防或主要支流堤防发生决口。

（3）小（Ⅰ）型水库发生垮坝；

（4）发生受灾面积大于 1 200 万亩的洪涝灾害。

（5）台风可能或已经对安徽省产生严重影响。

（6）其他需要启动Ⅱ级响应的情况。

4．Ⅰ级响应条件

出现下列情况之一，为Ⅰ级响应条件：

（1）长江或淮河流域发生特大洪水，或干流发生 2 个以上主要控制站超过保证水位的洪水。

（2）长江、淮河干流主要堤防发生决口。

（3）大、中型水库发生垮坝。

（4）发生受灾面积大于 1 500 万亩的洪涝灾害。

（5）其他需要启动Ⅰ级响应的情况。

1.4.2.2　响应启动

达到Ⅳ级、Ⅲ级、Ⅱ级、Ⅰ级响应条件，由安徽省防办提出响应启动建议，报省防指领导研究决定。Ⅳ级应急响应启动由省防指副总指挥（省应急厅主要负责同志）研究决定，Ⅲ级应急响应启动由省防指常务副总指挥研究决定，Ⅱ级应急响应启动由省防指第一副总指挥研究决定，Ⅰ级应急响应启动由省防指总指挥研究决定。

1.4.2.3　响应措施

1．Ⅳ级响应行动

（1）省防办实行 24 小时应急值守，密切关注天气变化，跟踪掌握雨水情、汛情、工情、险情和灾情。

（2）省防办负责同志组织会商，做出工作部署，加强对防汛工作的指导，及时上报信息。

（3）省防指成员单位按照职责分工做好相关工作，省防办视情派出工作组赴一线指导防汛工作。

（4）防汛相关责任单位应密切监视汛情，加强巡逻查险，巡查情况及时上报同级防汛指挥机构和上级主管部门。

（5）当地防指应全力做好转移危险区群众、组织巡查防守、开机排涝等工作，并将工作情况报同级政府和上一级防办；当防洪工程、设施出现险情时，当地政府应立即组织抢险。

2.Ⅲ级响应行动

（1）省防办实行24小时应急值守，密切关注天气变化，跟踪掌握雨水情、汛情、工情、险情和灾情。

（2）省防指副总指挥组织会商，做出工作部署，加强对防汛工作的指导，重要情况及时上报省委、省政府和国家防总，通报省防指成员单位；在省主流媒体发布汛情公告。

（3）省防指按权限调度防洪工程；省防指成员单位按照职责分工做好相关工作，根据需要派出工作组，重要情况及时报送省防办；省级防汛物资仓库做好物资调拨准备；交通运输部门协调运送防汛人员、物资的车辆在各等级公路、桥梁和渡口免费优先通行。

（4）有关市、县防指可依法宣布本地区进入紧急防汛期，当地防指全力做好转移危险区群众、巡查防守、发动群众参与防汛工作，并将工作情况报同级政府和上一级防指。

（5）当防洪工程、设施出现险情时，当地政府应立即成立现场抢险指挥机构组织抢险，并提前安全转移可能受洪水威胁的群众；必要时，按照规定申请组织解放军、武警部队、综合性消防救援队伍参加抗洪抢险和人员转移；上一级防指派出专家组赴现场指导抢险工作。

3.Ⅱ级响应行动

（1）省防办负责同志带班，实行24小时应急值守，跟踪掌握雨水情、汛情、工情、险情和灾情，及时做好信息汇总报告、后勤保障等工作。

（2）省防指总指挥或委托第一副总指挥、常务副总指挥组织会商，做出工作部署，重要情况及时上报省委、省政府和国家防总，并通报省防指成员单位；必要时，提请省政府做出工作部署；省政府领导和相关部门负责同志按分工加强防汛抗旱工作督查；定期在省主流媒体发布汛情公告；可依法宣布部分地区进入紧急防汛期；省防办视情组织召开新闻发布会。

（3）省防指按权限调度防洪工程；督促地方政府根据预案转移危险地区群众，组织强化巡查防守、抗洪抢险，组织强化防汛工作；省防指派出工作组、专家组赴一线指导防汛工作，必要时，省委、省政府派出督查组赴各地督查防汛工作；省防指成员单位按照职责分工做好应急物资、应急资金、用电指标保障等相关工作，工作情况及时报省防指。

（4）有关市、县防指启动防汛应急预案，可依法宣布本地区进入紧急防汛期，工作情况报同级政府和上一级防指；受灾地区的各级防指负责同志、成员单位负责同志，应按照职责分工组织指挥防汛工作；相关市、县全力配合相邻地区做好防汛和抗灾救灾工作。

（5）当防洪工程、设施出现险情时，所在地市、县政府应立即成立现场抢险指挥机构，全力组织抢险，并提前安全转移可能受洪水威胁的群众；必要时，按照规定申请组织解放军、武警部队、综合性消防救援队伍参加抗洪抢险和人员转移;上级防指派出专家组赴现场指导抢险工作。

4. Ⅰ级响应行动

(1)省防指副总指挥带班,必要时省防指总指挥或第一副总指挥、常务副总指挥到省防办调度指挥;实行24小时应急值守,做好预测预报、工程调度、信息汇总上报、后勤保障等工作;必要时,从省防指相关成员单位抽调人员,充实值班力量。

(2)省防指总指挥组织会商,防指全体成员参加,做出工作部署,工作情况及时上报省委、省政府和国家防总;必要时,提请省委、省政府做出工作部署;依法宣布进入紧急防汛期;在省主流媒体发布汛情公告,宣传报道汛情及抗洪抢险、防汛行动情况;省防指适时组织召开新闻发布会。

(3)省防指视情提请省委、省政府派出督查组赴重灾区督导防汛救灾工作,省防指派出工作组、专家组赴一线指导防汛工作;协调解放军、武警部队、综合性消防救援队伍参加抗洪抢险;按权限调度防洪工程;督促地方政府根据预案转移危险地区群众,组织强化巡查防守、抗洪抢险;省防指相关成员单位应积极做好应急物资、应急资金、用电指标、交通运输、受灾救助、疾病防控、环境监控等保障工作。

(4)相关市全面启动防汛应急预案,依法宣布进入紧急防汛期,工作情况及时报省防指;受灾地区的各级党政主要负责同志应赴一线指挥,防指负责同志、成员单位负责同志,应按照职责到分管的区域组织指挥防汛工作。

(5)当防洪工程、设施出现险情时,所在地市政府应立即成立现场抢险指挥机构,全力组织抢险,并提前安全转移可能受洪水威胁的群众;必要时,按照规定申请组织解放军、武警部队、综合性消防救援队伍参加抗洪抢险和人员转移;省防指领导到现场督查指导抢险工作,并派出专家组进行技术指导。

1.4.2.4　响应终止

当江河水位落至警戒水位以下、区域性暴雨或台风影响基本结束、重大险情得到有效控制且并预报无较大汛情时,由省防办提出响应终止建议,报省防指领导研究决定。Ⅳ级应急响应终止由省防指副总指挥(省应急厅主要负责同志)研究决定,Ⅲ级应急响应终止由省防指常务副总指挥研究决定,Ⅱ级应急响应终止由省防指第一副总指挥研究决定,Ⅰ级应急响应终止由省防指总指挥研究决定。

第2章 临灾防御准备工作

临灾防御是指在灾害发生前或发生时,通过种种工作来有效减轻灾害损失的相关防御工作。由于山洪灾害的历时往往只有短短几个小时,防御难度非常大,因此只有在平时做好准备工作,才能减轻临灾防御的压力,才能保证各项工作有条不紊地开展。一般情况下,山洪灾害临灾防御准备工作主要包括:建立健全责任制体系、开展山洪灾害调查评价、编制与修订山洪灾害防御预案、获取预警信息、宣传防灾减灾常识、培训防灾减灾知识以及进行山洪灾害避灾演练等。

2.1 建立健全责任制体系

2018年机构改革之后,按照中华人民共和国国务院意见,山洪灾害的日常防治和监测预警工作由水利部门负责,应急处置和抢险救灾工作由应急部门负责,具体工作由基层地方政府组织实施。水利部门要坚持"宁可抓重、不可抓漏"的工作方针,把山洪灾害防治和监测预警的行业职责扛在肩上、抓在手中、落到实处,加强与同级应急管理部门、气象部门的协调与配合,明确职责分工,指导协助基层地方政府共同做好防御工作,确保山洪灾害防御职能有部门、单位牵头负责,业务有专人管理,监测预警系统会操作运用,防御机制运转顺畅,各项措施能落到实处。

2.1.1 山洪灾害防御责任制

安徽省山洪灾害防御责任制包括以下3个部分:

1. 防御行政责任人

包括县级、乡(镇)级和行政村级,一般和水、旱灾害防御的行政责任人保持一致。

2. 包保责任人

包括县包乡(镇)(部分市包重点乡(镇))、乡(镇)包村(部分市(县)包重点乡(镇))、行政村包组(自然村)和责任网格、党员干部包户等。

3. 岗位责任人

村级山洪灾害防御分为"监测、预警、转移、安置"4个岗位落实岗位责任制。

2.1.2　分级包保责任制

推行县包乡镇、乡镇包行政村、行政村包组(自然村)和责任网格、干部党员包户的分级包保制度,通过落实包保责任人,进一步增强基层防御能力和水平,实现"预警到户、保安到人"工作目标。

包保责任人职责主要包括:

1. 明确防汛重点

会同包保单位负责人,了解包保单位的基本情况,确定防御重点区域,划分防御片区、责任网格。

2. 督促落实责任

督促包保单位完善乡镇、村(组)防汛工作方案和应急预案,制作转移避险线路及安置场所图,明确监测、预警、转移、安置等岗位责任人和下一级分级包保责任人,确定网格责任人。

3. 及时排除隐患

督促包保单位开展隐患排查,发现问题,登记造册,提出隐患治理意见与措施,明确责任单位和责任人,督促限时整改到位,确保安全度汛。

4. 协助防汛抢险

指导包保单位开展汛情研判、预警预报、重点部位巡查监测和人员转移,督促各项防汛工作的落实。

2.1.3　岗位责任制

根据山洪灾害防御需要,将村级山洪灾害防御分为"监测、预警、转移、安置"4个岗位,落实岗位责任制,将每项工作落实到具体人。转移和安置责任人必须为不同人员,且不能和监测、预警责任人是同一人。监测、预警责任人可以是同一个人,也可以是不同的人。

1. 监测岗位

做好监测设施日常管理,密切关注本地区降雨及山洪沟、水库等水位情况,按规定向村委会(社区)上报雨水情信息。监测人员必须清楚了解本地的预警阈值指标,发生较强降雨时可及时向乡级负责人上报雨水情信息,在紧急情况下,可以直接向预警工作人员、村民发布信息。在发现险情后,应及时在危险区划定警戒线,或者拉起警戒绳索,以保证群众安全。

2. 预警岗位

做好预警设施日常管理,熟悉预警阈值、预警发布方式。根据上级通知,及时向群众发出预警信息;在紧急情况下,可以直接向群众发布预警。预警人员应清楚了解本地的预警阈值指标,熟悉本地区撤离信号和发布流程,熟练使用预警设备设施。

3.转移岗位

熟悉转移路线、安置地点,掌握网格责任区内受威胁人员基本情况。在接到上级转移指令后,负责在规定时间内将人员有序转移至安置地点。转移岗位人员应清楚了解本地的安全区、危险区,熟悉需转移人员情况、转移路线等。

4.安置岗位

负责避灾场所的日常管理,做好避灾人员登记和基本生活必需品的发放工作。接到洪涝灾害预警信息时,安置岗位人员应及时做好接纳避灾人员的准备,做好避灾人员登记和物品发放工作。

2.1.4　网格化责任体系

针对山丘区群众居住分散和外来流动人员增加的情况,安徽省在 2014 年印发了《安徽省基层防御山洪灾害网格化责任体系建设指导意见》(省防指〔2014〕7号),要求各基层地方政府建立山洪灾害管理网格,通过网格化管理组织体系,确保山洪灾害防御实现"预警到村、信息到户、全面覆盖、责任无死角"(图 2.1.1)。

2.1.4.1　网格化管理内涵

"十里不同天"是安徽省山区气候的真实写照,地形复杂、山区覆盖面广、小气候频发、极端暴雨突发、局地雨强大、历时短、预测预报难的特点,增大了山区防汛的难度。风险住户数量众多且分散,山区防汛抗灾线长面广,信息闭塞,防灾避灾意识淡薄,是山区防汛工作的薄弱环节,每年都会发生山体滑坡、屋后塌方造成的房屋倒塌甚至人员伤亡,可以说是防不胜防。

全面推行山洪灾害防御网格化管理工作机制,分类、分片、分级对境内的山洪灾害威胁区等各类危险区域建立防汛工作网格,形成全县一张大网、区域小网格的防汛格局。各网格实行网格长负责制,统筹负责监测预警、人员转移、应急抢险、信息收集与报送等工作,同时确定"监测、预警、转移、安置"岗位责任人,并向社会公开;建立预案,做到一个网格一套预案,确保预警及时、响应迅速、保障有力;加强应急演练、培训,熟悉紧急转移时的预警信号、转移路线、安置地点及相关责任人的联系号码,提升群众防灾避险、应急自救能力。依托网格化管理平台,建立"横向到边、纵向到底、责任到人"的责任体系,实行县包乡(镇)(部分市包重点乡(镇))、乡(镇)包村(部分市(县)包重点乡(镇))、行政村包组(自然村)和责任网格、干部党员包户的 4 级责任包保制度。通过建立防汛网格化责任制,让防汛工作责任"落地生根",打造"五分钟"快速预警体系,确保在灾害来临时,能有效实现"预警到片、信息到户、责任到人、转移到位"的目标,最大限度地保障人民群众生命安全。

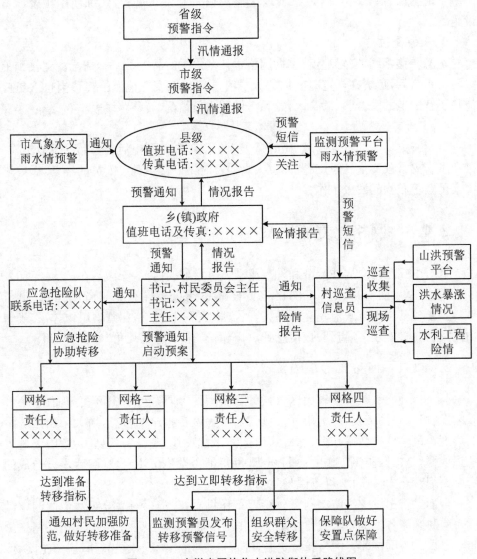

图 2.1.1　安徽省网格化山洪防御体系路线图

2.1.4.2　网格划分

山洪灾害防御分为县级、乡(镇)级、村级和网格级 4 个层级。县、乡(镇)山洪灾害防御指挥机构,由县、乡防汛抗旱指挥部(所)承担相应职能。行政村(社区)应设立防御山洪灾害工作组,由行政村(社区)主要负责人任组长,村级干部为成员,分别负责监测预警、人员转移、抢险救灾、信息收集与报送等防御山洪灾害工作。

各行政村应根据当地实际对防御山洪灾害责任进行网格划分,一般以自然村、居民区、企事业单位、小水库及山塘、山洪与地质灾害隐患点、危房、避灾场所、旅游景点(农家乐)划分网格。将所有山洪沟沿岸村庄、低洼易涝点、地质灾害隐患点、危房、砖瓦房、简易工棚、临时厂房、学校、山区景区、林场、矿场、桥梁道路、水利工程和其他基建工程纳入网格范围。若网格区域大、涉及人数多,可分片设立二级或三级网格,各个网格应做到组织健全、责任落实、预案实用、预警及时、响应迅速、保障有力。

　　以安徽省岳西县为例,目前岳西全县已建立县级一级网格 1 个,乡(镇)二级网格 24 个,行政村三级网格 188 个,水库、地质灾害隐患点等 9 类危险重点区域四级网格 239 个。如龙井水库威胁区涉及下游 5 个村 126 户 610 人,网格长由乡(镇)党委副书记以上干部担任,按照行政村或居住村落分成 5 个或多个分网格,不管网格大小均应有网格长。如在岳西县毛尖山乡,"网格化管理连心卡"是乡里每位村民必备的物品。每一位村民,即使所在地区是偏僻的山区,只要发现有山洪灾害的迹象,就能立即根据这张小小的卡片找到自己所属的网格,并联系对应的网格负责人,真正实现快速预警。在毛尖山乡防汛抗旱指挥部办公室,墙上整齐悬挂着山洪灾害预警、转移人员网格化流程图和防御山洪灾害网格图及责任人名单。从信息预警到转移安置,从医疗救助到治安维稳,从小网格到大网格,从每一个网格的村民安置地点到负责人,在这些图上都能了解得清清楚楚。岳西县从 2014 开始全面推行防汛网格化管理,以前每年均有山体滑坡、塌方导致居民房屋倒塌及人员伤亡,在实行网格化管理后,由于预警及时、转移到位,已连续多年没有发生人员伤亡。

2.1.4.3　网格责任与落实

　　网格应设立防御山洪灾害工作小组或明确若干防御山洪灾害工作责任人,一般由行政负责人担任网格长,负责本网格内的防御山洪灾害工作。

　　网格防御山洪灾害工作小组或责任人应负责及时接收上级的预警和相关防灾部署,并将相关预警信息传递给责任区网格内所有居民;应负责本网格内所有居民的防御山洪灾害转移工作,并配合所在行政村(社区)完成转移人员避险等相关工作。

　　网格责任人应了解网格内住户和人员情况,熟悉当地地形、地貌,在汛期应保持 24 小时通信畅通。村级公务栏应公布村内所有网格责任人名单。各网格责任人汛前应核实网格内人员情况,特别要掌握由外出务工或回乡创业等原因导致的人员变化。每年汛前,县、乡(镇)防指应根据人员变动情况调整行政村(社区)防汛工作小组责任人和网格责任人,并进行上岗培训,建立责任人数据库。

2.1.4.4　应急联动

　　各个网格建立应急联动机制,按照"统一指挥、科学调度,分工负责、上下联动"原则,实行网格长负责制,乡(镇)与网格长、网格长与责任人、责任人与转移农户层层签订书面责任书(承诺书),做到责任层层传递,让信息传递快速畅通。相关责任人分工协作,保证快速高效组织人员转移,实施应急抢险得力。各网格着力建设群防群控、联防自救组织,实现全民参与防汛的强大合力。县直帮扶单位负责督查各网格管理工作落实情况,县水利、国土、民政、住建等相关部门按照职责分工做好技术指导。也就是说,依托网格化管理平台,全县建立"横向到边、纵向到底、责任到人"的责任体系,真正实行责任包保制度。

2.2　开展山洪灾害调查评价

山洪灾害调查的目的是通过开展山洪灾害调查,全面、准确地查清山洪灾害防治区内的人口分布情况,摸清本县(市、区)山洪灾害的区域分布,掌握山洪灾害防治区内的水文气象、地形地貌、社会经济、历史山洪灾害、涉水工程、山洪沟等基本情况以及山洪灾害防治现状等基础信息,并建立山洪灾害调查成果数据库,为山洪灾害分析评价和防治提供基础数据;通过分析评价工作,分析小流域暴雨洪水特征,提供山洪灾害重点防治区内沿河村落、集镇、城镇等防灾对象的现状防洪能力、危险区等级划分以及预警指标等成果,为山洪灾害预警、预案编制、人员转移、临时安置、防灾意识普及、群测群防等工作进一步提供科学、全面、详细的信息支撑。

2.2.1　山洪灾害调查

2.2.1.1　调查内容

山洪灾害调查是分析评价的基础,调查内容以满足分析评价和山洪灾害防治需要为原则,主要调查内容如下:

(1) 防治区社会经济调查,主要包括行政区划及企事业单位名录、城镇及农村家庭财产分类、房屋类别等。

(2) 危险区调查,主要包括历史最高洪水位或可能淹没范围、成灾水位、危险区内房屋、人口分布等。

(3) 小流域核查,主要包括小流域名称、流域参数(面积、主河长、坡度等)、植被及土地利用等。

(4) 需防洪治理的山洪沟调查,主要包括山洪沟数量及其保护的村镇基本情况等。

(5) 非工程措施调查,主要包括自动监测站、无线预警广播、简易雨量站、简易水位站等。

（6）涉水工程调查，主要包括防治区内桥梁、塘（堰）坝、路涵等工程。

（7）历史山洪灾害调查，主要包括典型的历史洪水和近期可靠的大洪水，实测洪痕位置和高程等。

（8）沿河村落和重要城镇详查，主要包括沿河村落居民户人口和住房情况调查、宅基地位置及高程测量等，获取沿河村落人口高程的分布情况。

（9）河道断面测量，主要包括沿河村落所在河道的纵断面、横断面及大洪水洪痕测量等。

（10）水文气象资料收集，主要包括暴雨资料、洪水资料、蒸发资料等。

2.2.1.2　调查技术路线

山洪灾害调查是一项复杂、系统的工作，需要在严密地策划准备、精心组织、协调配合的基础上才能按技术要求完成各项工作。按工作性质主要分为 4 个阶段，即前期准备阶段、内业调查阶段、外业调查阶段和检查验收阶段，前一阶段是后一阶段的基础，后一阶段是前一阶段的应用和完善。

（1）前期准备：主要包括调查人员确定、工作方案制订、调查工具设备准备、现场数据采集系统及工作底图、基础数据库准备等，还要根据人员情况开展调查试点工作，并根据试点调查中发现的问题，完善或调整工作方案。

（2）内业调查：工作主要在室内开展，通过与水利部门、水文部门、国土部门、气象部门、统计部门等沟通协调，收集山洪灾害调查所需基本资料，进行整理、分析、录入、标绘、校核，为下一步外业调查准备好基础资料。内业调查主要工作内容包括：确定调查名录、社会经济调查、历史山洪灾害调查、需防洪治理山洪沟调查、非工程措施成果统计和涉水工程调查等。

（3）外业调查：主要是根据现场目测、走访和辅助测量工具获取调查对象信息。外业调查将紧密结合内业调查的成果，对内业调查阶段确定的调查对象进行补充完善；对内业调查阶段遗漏或填错的对象或信息，进行更正或完善。外业调查主要工作内容包括：防治区社会经济情况调查、危险区调查、小流域信息核查、需治理山洪沟调查、涉水工程调查、沿河村落和重要城（集）镇详查、历史洪水调查等。

（4）检查验收：县级调查机构采取交叉作业的方式，抽取一定比例调查信息进行抽查，与已有成果进行对比，统计分析错误率。不满足验收标准的要求重新调查，直至满足验收标准为止。通过调查评价数据审核汇集软件按预先设定的审核关系进行自动校审，发现错误及时处理。

2.2.2　山洪灾害评价

2.2.2.1　评价内容

山洪灾害评价是在前期基础工作、山洪灾害调查的基础上，深入分析山洪灾害防治区暴雨特性、小流域特征和社会经济情况，研究历史山洪灾害情况，分析小流域洪水规律等。分析评价主要内容包括：

(1) 山洪灾害防治区内小流域暴雨洪水特征：主要针对百年一遇、五十年一遇、二十年一遇、十年年一遇、五年一遇 5 种典型频率，分析计算小流域标准历时的设计暴雨特征值以及小流域汇流时间为历时的设计暴雨雨型分配及对应设计洪水的特征值。

(2) 山洪灾害重点防治区内沿河村落、城(集)镇等防灾对象的现状防洪能力：主要包括成灾水位对应流量的频率分析以及根据 5 种典型频率洪水的洪峰水位、人口和房屋沿高程分布情况制作控制断面水位-流量-人口关系图表，分析评价防灾对象防洪能力。

(3) 划分山洪灾害重点防治区内沿河村落、城(集)镇等防灾对象的危险区等级：将危险区划分为极高危险区、高危险区、危险区 3 级，并科学合理地确定转移路线和临时安置点。

(4) 确定山洪灾害重点防治区内沿河村落、城(集)镇等防灾对象的预警指标：预警指标分为雨量预警指标和水位预警指标。

2.2.2.2　评价技术路线

山洪灾害分析评价工作基于基础数据处理和山洪灾害调查的成果，针对沿河村落、集镇和城镇等具体防灾对象开展，按工作准备、暴雨洪水计算、分析评价、成果整理 4 个阶段进行。

(1) 工作准备阶段：根据山洪灾害调查结果，确定需要进行山洪灾害评价的沿河村落、集镇、城镇等名录。从基础数据和调查成果中提取与整理工作底图、小流域属性、控制断面、成灾水位、水文气象资料以及现场调查的危险区分布、转移路线和临时安置地点等成果资料，对资料进行评估并选择合适的分析计算方法，为暴雨洪水计算和分析评价做好准备。

(2) 暴雨洪水计算阶段：假定暴雨洪水同频率，根据指定频率，选择适合当地实际情况的小流域设计暴雨洪水计算方法，对各个防灾对象所在的小流域进行设计暴雨分析计算，对相应的控制断面进行水位流量关系和设计洪水分析计算，得到控制断面各频率的洪峰流量、洪量、上涨历时、洪水过程以及洪峰水位，论证计算成果的合理性。

（3）分析评价阶段：基于小流域设计暴雨洪水计算的成果，进行沿河村落、集镇和城镇等防洪现状评价、预警指标分析、绘制危险区图等工作。

（4）成果整理阶段：汇总整理分析计算成果、编制成果表、绘制成果图、撰写并提交分析评价成果报告。

2.2.3　危险区划分

2.2.3.1　划分原则

危险区是指受山洪灾害威胁的区域，一旦发生山洪、泥石流、滑坡，将有可能直接造成辖区内人员伤亡以及房屋、设施的破坏。危险区一般处于河谷、沟口、河滩、陡坡下、低洼处和不稳定的山体下。

安全区是指不受山洪、泥石流、滑坡威胁，地质结构比较稳定，可安全地居住和从事生产活动的区域。安全区是危险区人员避灾场所。安全区一般应选在地势较高、平坦或坡度平缓的地方，应避开河道、沟口、陡坡、低洼地带。危险区和安全区不是绝对的，而是在一定防洪标准内的相对危险与安全。

2.2.3.2　划分标准

危险区主要根据各乡（镇）、村山洪灾害发生的程度、范围以及形成特点，在调查历史山洪灾害发生区域的基础上，结合分析未来山洪灾害可能发生的类型、程度及影响程度、范围来合理确定。

根据上述划分原则，确定山洪灾害危险区的划分标准如下：

（1）历史最高洪水线以下区域，即有记录或根据调查回忆的最大洪水线下的淹没区。

（2）各溪河十年一遇洪水淹没线以下区域。

（3）发生过或有发生泥石流、山体滑坡迹象等的地质灾害区域。

2.2.3.3　划分成果

（1）根据山洪灾害调查评价的结果，按照危险区划分原则和标准，科学、合理地划定山洪灾害防治区内危险区、安全区。受山洪灾害影响范围内有人居住的区域均须进行划定。危险区划定后，填写危险区划定情况表的同时，将危险区、安全区标绘在电子地图上。

（2）要求必须将危险区地点填写至自然村；范围内涉及的学校、敬老院等人口集中居住场所及重要工矿企业需特殊注明。

（3）危险区和安全区均应设立明显标志；每个处于危险区的自然村都应在安

全区设置临时避险点；避险点和撤离路线应通过宣传预先告知所有危险区群众，并设置明显标志。

2.2.4　山洪预警指标的确定

1. 预警指标及其分级

一个流域或区域的山洪预警指标指的是，在该流域或区域内，降雨量或水位达到或超过某一级前或强度时，该流域或区域将可能发生溪河洪水、泥石流、滑坡等山洪灾害。预警指标是进行山洪灾害预报、确定预警等级的重要参数。当达到预警指标时要发生预警，有关部门和单位要进行应急响应。

根据国家防汛抗旱总指挥部办公室印发的《山洪灾害防治县级监测预警系统建设技术要求》，预警指标一般分为两级，即准备转移（橙色预警）和立即转移（红色预警）。

2. 预警指标的确定方式

预警指标是一个为了能够及时合理地发出预警信息，使受山洪灾害威胁群众能够及时转移而不遭受生命财产损失的临界值。预警指标有两个主要指标值，一是雨量指标值的确定，二是水位指标值的确定。其中确定雨量指标是能否发布山洪灾害预警的重要参数。安徽省发生山洪、泥石流的条件和激发因素大多源于降雨。掌握降雨量、降雨强度的控制指标可以在实际降雨过程中，实施测报、提供信息，使相关地区能及时采取预防措施。确定区域临界雨量指标的方法通常有以下4种：

（1）直接观测雨量。在山洪灾害防治区内设置雨量观测网，观测降雨情况，经过收集多年、大量的实测资料，综合分析确定临界雨量指标。已有资料信息较少的地方，可同时参考临近或相似地区的情况。

（2）灾害实地调查。通过大量的实例调查和降雨资料收集，进行统计分析，以确定区域临界雨量。这是通常采用的方法，但如果雨量观测点稀少，或调查量不足，则会影响临界雨量的准确性。

（3）暴雨频率分析法。将暴雨频率与洪灾的关系，通过回归分析，间接确定临界雨量。

（4）暴雨等值线分析法。这是较简便而适用性较好的方法，利用多年观测资料分析暴雨等值线，求出各小流域内的暴雨等值线均值，以之作为该区域临界雨量初选值，再利用典型暴雨山洪灾害实例调查的暴雨均值进行检验调整，取得较准确的临界雨量。通过采用这一方法分析得出的小流域山洪灾害临界雨量指标的分布规律与暴雨的分布规律是一致的。用暴雨等值线分析法确定区域临界雨量具有概念清晰、方法简便、指标明确等优点，较其他方法有一定的优越性。

经上述分析，预警指标的确定方式如下：

（1）确定雨量预警指标。

① 根据地形地貌、地质结构、降雨量、植被、土壤类型等进行综合分区，将比较接近的地区统一确定使用同一个雨量预警指标。

② 根据降雨量、流域面积和地形，划分降雨时段，同时考虑雨强和累计有效雨量。降雨时段可分为 10 min、30 min、1 h、3 h、6 h、12 h 和 24 h。

③ 结合当地山洪灾害情况和流域特征，根据暴雨图集、设计暴雨洪水和分布式水文模型模拟计算综合确定预警指标阈值。如以暴雨图集多年平均各时段最大降雨为起点，以十年或二十年一遇洪水作为上限等。

通过上述三方面综合确定雨量预警指标阈值，并在实际运用中修订完善，既要避免预警值过大出现已经成灾但人员尚未转移的事故，又要避免预警值太小导致频繁组织人员转移。

（2）确定水位预警指标。

水位预警指标可在临河村庄设定，同时设置简易水位站。可将当地调查的成灾水位下 1 m 且水位仍在上涨的情况确定为准备转移水位预警值；将成灾水位下 50 cm 且水位仍在上涨的情况，确定为立即转移水位预警值。

2.3　编制与修订山洪灾害防御预案

预则立，不预则废。山洪灾害防御预案是为了预防山洪灾害而事先做好的防、救、抗各项工作准备的方案，是基层组织和人民群众防灾、救灾各项工作的行动指南，是山洪灾害防御体系建设的重要内容之一。山洪灾害防御预案分为县、乡（镇）及行政村三级，并覆盖至相关企事业单位和一些水利工程单位等。在县、乡（镇）及行政村三级预案中，最为重要的为村级预案，须达到清晰明了、便于操作、广泛知晓的目标。各级山洪灾害防御预案应根据区域内山洪灾害灾情、防灾设施、经济社会和防汛指挥机构及责任人等情况的变化，及时进行修订。

2.3.1　县级预案

2.3.1.1　县级预案编制要求

县级山洪灾害防御预案的编制应遵循以下要求：

（1）坚持以人为本的原则，以保障人民群众生命安全为首要目标。

（2）贯彻安全第一，常备不懈，以防为主，防、避、抢、救相结合的方针。

（3）落实行政首长负责制、分级管理责任制、分部门责任制、技术人员责任制和岗位责任制。

(4) 结合县、乡(镇)、村实际情况,因地制宜,具有实用性和可操作性。

2.3.1.2　县级预案编制的内容

县级预案编制要按照《山洪灾害防御预案编制导则》(SL 666—2014)的要求开展,主要内容包括总则、区域基本情况、防御区域划分、组织指挥体系、监测预警、人员转移安置、抢险救灾、保障措施等 8 个部分及相关附件,每部分编制要求如下:

1. 总则

总则主要是交代清楚预案编制目的、编制依据及编制原则,明确预案的服务对象、服务年限及编制、审批单位等。

2. 区域基本情况

基本情况部分要将预案服务区域的自然、经济社会基本情况,历史洪涝、山洪灾害情况,区域现状等阐述清楚。自然、经济社会交代要简单扼要,要突出对历史灾害情况及防灾现状进行分析,找出区域内山洪灾害的主要类型、发生频次、成灾原因及当前防灾存在的薄弱环节等。

3. 防御区域划分

根据区域内山洪灾害的形成特点,在山洪灾害调查评价成果的基础上,结合气候和地形地质条件、人员分布等,分析山洪灾害可能发生的类型、程度及影响范围,划分安全区、危险区。绘制包含危险区、安全区、转移路线等关键要素的山洪灾害风险图,成图比例尺应不小于 1:10 000;危险区用红色标示,安全区用绿色标示。要明确标示出危险区内居民点、工矿企业、学校、铁路、公路、桥梁等重要保护对象,标明撤离路线、警报类型、应急电话、避险位置等。

4. 组织指挥体系

完善组织指挥体系的结构,明确监测、信息、转移、调度、保障等 5 个工作组及应急抢险队的分工和人员。

5. 监测预警

根据山洪灾害调查评价成果,确定境内可能发生山洪灾害的临界雨量值及溪河水位值,以此作为作为预警启用条件,制定监测计划,明确内容及监测要求。

6. 人员转移安置

确定需要转移的人员,制定转移路线、安置地点,汛期必须经常检查转移路线、安置地点是否有异常;填写群众转移安置计划表,绘制人员转移安置图。人员安置要因地制宜地采取集中或分散的方式,并制定当交通、通信中断时,乡、村(组)躲灾避灾的应急措施。转移工作采取县、乡(镇)、村、组干部层层包干责任的办法实施,明确转移安置纪律,统一指挥、安全第一。

7. 抢险救灾

包括一旦发生险情,如何上报险情、如何组织应急抢险队投入抢险等救灾方案;紧急情况下强制征调车辆、设备、物资等的方案;对可能造成新的危害的山体、建筑物等的专门监测、防御的方案;发生灾情时如何将被困人员迅速转移到安全地带的方案;紧急转移人员临时安置,灾区卫生防疫,水、点、路、通信等基础设施修复等的方案。

8. 保障措施

从汛前准备、宣传培训、纪律和制度等方面提出具体要求,确保预案的科学性和可操作性。汛前,县、乡(镇)对所辖区域进行全面普查,发现问题登记造册,及时处理,同时要利用会议、广播、电视、墙报、标语等多种形势、加强宣传培训,并开展必要的演练,确保相关人员熟悉预案的内容。同时,为及时、有效地实施预案,需制定相应的工作纪律,以确保各项工作落实到实处,一般包括:各责任人执行职责纪律、紧急转移纪律、灾民安置纪律等。

9. 附图

附图包括山洪灾害防御基本情况示意图,历史山洪、泥石流、滑坡灾害点分布图,山洪灾害风险图,人员转移安置图等。

附图还应包括区域内山洪灾害防御基本情况示意图、山洪灾害危险区图、人员转移避险图、水文气象监测站点和主要预警设施分布图等。山洪灾害防御基本情况示意图应标注区域内的水系分布,水利工程,区域地形,城区、乡(镇)、村庄分布等基本信息。山洪灾害危险区图应标注危险区范围及居民点、重要设施(工矿企业、学校、医院、敬老院、风景区、交通设施等)等基本信息。人员转移避险图应标明转移路线、避险地点等基本信息。附图宜采用 1∶50 000～1∶10 000 的比例尺,有条件的可采用更大的比例尺制作。

10. 附表

包括经济社会基本情况统计表、历年山洪灾害损失情况表、危险区基本情况表、监测站点分布表和群众转移安置计划表。

2.3.1.3　预案审批

县级山洪灾害防御预案由县级防汛指挥机构负责组织编制,由县级人民政府负责批准并及时公布,报上一级防汛指挥机构备案。

2.3.2　乡(镇)级预案

2.3.2.1　乡(镇)级预案编制的内容

各乡(镇)的防汛部门在县水行政主管部门的业务指导下负责完成本乡(镇)境内的山洪灾害防御方案的编制和修订,同时要会同各县防办指导本乡(镇)境内的村级山洪灾害防御方案的修订,乡镇防汛预案的编制与修订内容主要包括乡镇基本情况、危险区和安全区、组织指挥体系、预警方式、转移安置、抢险救灾、保障措施等，乡镇级预案每部分内容要求如下：

1. 基本情况

区域内的自然和经济社会基本情况、近期山洪灾害的类型及损失情况、近期山洪灾害的成因及特点。

2. 危险区和安全区

完善辖区内危险区和安全区，绘制山洪灾害简易风险示意图，标示危险区、安全区。

3. 组织指挥体系

乡(镇)、村级防御组织机构人员、职责及联系方式。

4. 预警方式

根据防汛基础信息评价结果，确定预警临界值、预警启动机制及预警发布流程和发送方式。

5. 转移路线和安置

完善和确定需要转移的人员，制定人员转移安置方案，绘制重点区域人员紧急转移路线图，明确转移安置纪律。

6. 抢险救灾

完善抢险救灾方案，建立抢险救灾工作机制。

2.3.2.2　预案审批

乡(镇)级山洪灾害防御预案由乡(镇)级防汛指挥机构负责组织编制，由乡(镇)级人民政府负责批准并及时公布，报县级防汛指挥机构备案。县级防汛指挥机构负责乡(镇)级山洪灾害防御预案编制的技术指导和监督管理工作。

2.3.3　村级预案

2.3.3.1　村级预案编制的内容

村级山洪灾害防御预案的编制要尽可能简洁明了、易于操作，重点是要明确防御组织机构、人员及职责、预警信号、危险区范围和人员、应急避险点、转移路线等，内容控制在几页纸内，以便公示和张贴上墙，力求广为告知。应重点加强以下方面工作：

1. 威胁区分布情况

开展过调查评价的可参考调查评价成果，未开展调查评价的依据经验判断。

2. 细化网格划分

细化网格划分，并在修订的山洪灾害防御预案中予以明确。一般来说，山洪灾害防御网格应以自然村或村民聚集点为单元，独立的农家乐、学校、敬老院、医院等应作为单独网格明确责任人。网格责任人需落实到具体人员。

3. 预警指标和预警信号

指标要明确到具体站点,在信号不同的情况下要有所区分。

4. 人员转移时机

明确老、弱、病、残、孕等重点人群的提前转移时机,合理安排其他人员撤离时机。

5. 人员转移情况登记表

该表信息要具体到人,并明确包括重点人群数量。需要特别注意,一个责任人负责转移的户数不宜过多。从实践来看,负责居住较近的 5 户居民的转移已是临灾转移的极限。重点人群数量越多,责任人包保的户数应相应减少。

6. 转移路线示意图

该图应基于天地图、百度等地形图绘制,明确标示安全区、危险区和转移路线。

7. 预案执行

预案编制完成后,应对预案组织审查,并按权限批复或印发执行。

2.3.3.2　预案审批

村级山洪灾害防御预案由乡(镇)级防汛指挥机构负责组织编制,由乡(镇)级人民政府负责批准并及时公布,报县级防汛指挥机构备案。县级防汛指挥机构负责乡(镇)级、村级山洪灾害防御预案编制的技术指导和监督管理工作。

2.4　获取预警信息

根据山洪灾害防御的实际需要,除从上级水旱灾害防御部门获取信息外,还可以通过一些公开途径获得相关信息,主要有电视台天气预报、水行政主管部门专业监测预警平台、中国气象网等。

2.4.1　电视台

为做好安徽省山洪灾害气象预警工作,提醒公众提前安排生产、生活和出行,安徽省水利厅与安徽省气象局建立了山洪灾害 24 小时气象预警发布机制,根据预测情况,将山洪灾害气象预警分为 4 级,即Ⅳ级(可能发生、蓝色)、Ⅲ级(可能性较大、黄色)、Ⅱ级(可能性大、橙色)和Ⅰ级(可能性很大、红色)。预警范围为全国,预警时间为未来 24 小时,每年 5 月 1 日～9 月 30 日正常发布。发布形式为"图形＋文字简述",通过安徽电视台每天 18 时 50 分的新闻联播天气预报节目播出发布。

山洪灾害气象预警由安徽省水利厅、安徽省气象局联合发布。

2.4.2　监测预警平台

为做好安徽省山洪灾害监测预警工作,安徽省水利厅组织建设了"安徽省基层防汛监测预警平台",平台提供安徽省境内实时雨水情信息、山洪灾害预警信息的查询功能。水利专网内用户可以通过电脑版平台登录访问,非水利专网用户可以通过安装手机 APP 或者订阅微信公众号进行相关信息查询。

1. 手机版

为方便用户和群众查询相关信息,安徽省水利厅开发了专门的 APP 供各级机构使用(图 2.4.1);也可关注安徽防汛抗旱公众号查询相关信息。当启动三级及以上响应时,安徽省防汛指挥机构会同省电视台、省广播电台、省日报社等联合发出预警信息。

图 2.4.1　安徽省基层防汛监测预警平台手机版

2. 电脑版

电脑版"安徽省基层防汛监测预警平台"主要服务于安徽省各级水行政管理人

员,相关人员可以通过平台查询相关信息进行会商研判和决策指挥,也可以通过平台对辖内的预警进行处置。相关用户需要得到安徽省水利厅授权才可以通过浏览器使用这一平台。

2.4.3　中国天气网

可以通过中国天气网获取信息,中国天气网网址为 http://www.weather.com.cn,其中以最近 6 h 的预报准确率较高。

2.5　宣传、培训与演练

山洪灾害宣传、培训及演练的目的是让群众熟知所在地山洪灾害风险,掌握山洪灾害防御常识,增强主动防灾避险的意识和自救互救技能,提高群众的山洪灾害防御的自觉性,这样所建设的监测预警系统和群测群防体系才能最大限度地发挥预期效用。对群众的山洪灾害防御宣传教育不是一朝一夕之事,应采取群众喜闻乐见、丰富多彩的形式,并广泛、持续地开展。另外,还应把中、小学校作为重点,积极争取将山洪灾害防御和避险自救纳入课外教育,并通过多种形式加强宣传教育。

2.5.1　山洪灾害防御常识宣传

山洪灾害防御知识宣传是山洪灾害防御的一个重要环节。有效的宣传,可以使各级防汛责任人、广大人民群众提高对山洪灾害危害性和突发性的认识,熟知并掌握山洪灾害发生、发展的主要特点和防御基本知识,对增加山洪灾害防御工作的责任意识、提高山洪灾害发生时的自救、互救能力有十分重要的意义。

2.5.1.1　宣传的原则和任务

1. 宣传的原则

(1) 以防为主,持续宣传。

山洪灾害防御立足于防,因此,应广泛、持续地进行宣传,让广大人民群众熟知并掌握山洪灾害防御的基本常识,达到"掌握知识、提高认识、增强意识"的目的。

(2) 精心组织,全民参与。

以县级为主体,在省、市的统一要求和指导下精心组织本辖区内的山洪灾害宣传活动,指导乡(镇)、村的宣传工作,制作、分发、安装宣传材料。防治区内的群众应积极参与,特别是居住在沿河村落危险区的居民,都要在各式各样的宣传活动中,充分了解自身所处位置受山洪威胁的程度,提高防范意识,掌握避灾救灾常识。

(3) 因地制宜,形式多样。

各地应根据实际情况,因地制宜地采用多种形式的宣传手段,展开广泛宣传。

(4) 素材丰富,科学有效。

设计制作丰富多彩的宣传材料,包括宣传栏、标语、宣传册、明白卡以及标志标志等,结合宣传活动在群众中科学配置分发,讲究宣传实效。

(5) 图文并茂,通俗易懂。

使用的宣传材料要图文并茂、内容翔实、通俗易懂,让群众易于接受、掌握,并注重美观和耐久。

2. 宣传的任务

(1) 工作宣传。

向山洪灾害防治区内的广大干部和群众宣传党和政府关于山洪灾害防治的各项政策、措施;普及相关法律、法规,增加全社会的防洪减灾意识和法律观念;公布山洪灾害防治项目建设的内容、进度和成效以及各级山洪灾害防御机构和责任人等。让各级政府和社会各界理解、重视、支持山洪灾害防治工作,使社会公众积极参与到山洪灾害防治工作中,推进山洪灾害防治工作持续开展。

(2) 知识宣传。

① 日常宣传。向防治区内的居民以及防治区内的旅游景区、施工工地等人员密集处的群众,宣传山洪灾害防御常识,使大家了解山洪灾害的危害、山洪灾害的形式及特点以及防治的必要性和防治措施;使群众掌握自身受山洪灾害威胁程度、防御责任人及其联系方式;使群众熟记山洪灾害预警流程、预警信号、避险转移方式和路线等,提高群众的防御意识和应急避险能力。向群众强调人类活动对自然的破坏加剧了山洪的暴发,提示人们要保护好赖以生存的生态环境,杜绝侵占河道、乱砍滥伐等行为。注重加强对中、小学生进行防御山洪灾害和避险自救的宣传教育。

② 灾后宣传。利用预警广播、短信息等播放、发送避险救灾常识,公布救灾进程等,以安定民心,迅速恢复灾区的正常生活、生产秩序。

(3) 警示性标志。

根据调查评价的结果,标示防治区内的危险区、应急避险点、转移路线、警戒水位等,警示群众注意防范山洪威胁,并一目了然,让群众能在灾害来临时按指示做出反应,有序快速转移。

2.5.1.2　宣传方式及内容

山洪灾害宣传的方式可分为:布设分发宣传材料,设置标志、标牌,开展专场宣传活动以及采用公共媒体宣传等。

1. 布设分发宣传材料

（1）在山洪灾害防治区布设宣传栏、宣传挂图、宣传牌、宣传标语等。

在防治区内乡（镇）政府、村委会等公共活动场所布设宣传栏、宣传挂图；在交通要道两侧等醒目处布设宣传牌、宣传标语。宣传栏应公布当地山洪灾害防御的组织机构、山洪灾害防御示意图、转移路线、应急避险点等内容；宣传牌、宣传标语要用精炼、醒目的文字宣传山洪灾害防御工作；宣传挂图以图文并茂的方式宣传山洪灾害防御知识，提升群众防灾、减灾意识。

（2）发放明白卡。

在山洪灾害危险区内，以户为单位发放山洪灾害防御明白卡（图2.5.1），明白卡内容包括家庭成员及联系电话，当地转移责任人及联系电话、应急避险点、预警信号等信息。

图2.5.1　发放明白卡

（3）印发宣传册、海报、传单等。

利用日常的宣传活动分发印有山洪知识的宣传册、海报、传单、日历、折扇等宣传材料，以灵活、便捷的方式，丰富多彩的内容，宣传山洪灾害防御知识，起到教育、警示作用，使群众能提高防御意识，掌握必要的应急避灾常识。

2. 设置标志、标牌

在山洪灾害危险区醒目位置设立警示牌、危险区标志牌、应急避险点标志牌、转移路线指示牌、特征水位标志、山洪灾害设备设施安全警示标志等。警示牌上标明危险区名称、灾害类型、危险区范围、应急避险点、预警转移责任人及联系电话等内容。转移路线指示牌应标明转移方向、应急避险点名称、大概距离等。特征水位标志包括历史最高洪水位、某一特定场次洪水位、预警水位等。让群众能熟悉当地受山洪威胁的状况，掌握转移地点、转移路线、预警信号，并警示和教育群众要爱护在本区域内安装的监测预警设备、设施。

3. 专场宣传活动

在每年的"防灾减灾日"等特定的日期,组织专场的山洪灾害宣传活动;以街头咨询、展板、分发宣传资料、播放宣传片、张贴标语等方式,出动宣传队、宣传车,定期、不定期地开展山洪灾害防御知识宣传。

4. 公共媒体宣传

录制山洪灾害防御专题片、歌曲、公益广告等,在当地培训班、电视台、电台、网络、预警广播中播放。利用报纸和期刊等刊登山洪灾害防御现状、防御知识以及有关的典型事件和人物等。也可根据当地的实际情况,排演具有地方色彩的戏曲等文艺节目,以群众易于接受的多种方式,广泛宣传山洪灾害的特性和防御知识,内容要积极向上、通俗易懂、脍炙人口。还可以利用微信、微博等网络媒体宣传山洪灾害防御常识。

2.5.1.3　宣传工作的实施

1. 宣传工作组织

(1) 省级有关部门制定山洪灾害宣传实施方案,制定宣传管理规章制度和宣传纪律;结合本省(安徽省)实际情况,统一组织规定宣传栏、宣传画册、标志、标牌等山洪灾害宣传材料的设计制作要求,保证各宣传材料的科学、专业、统一;督促、指导各市、县积极开展宣传。

(2) 市级有关部门在省级有关部门的统一要求下,制定本级的宣传计划,指导和督促本市范围内的山洪灾害防御知识宣传工作。

(3) 县级有关部门主导和组织本辖区内的宣传工作,在上级部门的统一要求和指导下,制定详细的宣传计划,落实经费;结合本区域的具体情况,参考本书中的要求和样式,编制各种宣传材料,采用各种方式,持续地开展宣传活动。

县级有关部门应根据本区域的山洪灾害调查评价的各危险区、受威胁人口、防御责任人、转移路线、预警信号等实际情况,定制各危险区的警示牌、宣传栏、明白卡等宣传材料,并组织乡(镇)和村级防御机构,及时安装、发放到位。

(4) 乡(镇)和村级防御机构应在县级防御机构的指导下积极开展本级的山洪灾害宣传工作。配合县级有关部门将宣传材料分发到户到人,宣传栏、标志、标牌等安装固定到位,并进行解释和宣传。定期开展宣传活动,在集市或村委会组织村民观看山洪灾害防御宣传专题片,分发明白卡、宣传册、传单,张贴海报、标语等。宣传活动也可结合培训、演练同时进行,更加直观、生动地宣传山洪灾害防御知识。

2. 制作数量及安装

各地的宣传材料制作数量及安装,应按本地宣传实施方案和宣传计划来确定,也可参照表 2.5.1 所示数量要求制作和发放。

表 2.5.1　宣传材料制作数量及安装(发放)要求

序号	名称	制作数量	安装(发放)要求
宣传资料			
1	宣传栏	防治区每村 1 个,每乡(镇)1～2 个	乡(镇)政府、村委、活动中心、广场
2	宣传画册	防治区内住户每户 1 册	县级制作印刷,乡(镇)、村配合发放
3	明白卡	防治区内住户每户 1 张	县级制作印刷,乡(镇)、村配合发放
4	宣传 DVD	防治区每村 1 套、乡(镇)3 套、县 3 套	村委组织群众收看,不定期在县级电视台播放
5	宣传标语	防治区内 1～2 幅	防治区道路两侧刷写
6	挂图	防治区内行政村每村 2 幅	村委会办公室张贴
标志、标牌			
1	警示牌	危险区每村 1 块	山洪灾害危险区醒目位置
2	危险区标志牌	每个危险区 1～2 块	山洪灾害危险区醒目位置
3	避险点标志牌	每个应急避险点 1～2 块	划定的避险安置区域醒目位置
4	转移路线指示牌	每条转移路线 3～4 块	转移路线的转弯和岔路口处
5	设备设施标志	根据各县实际情况而定	监测预警设备设施适当位置
6	设备操作说明	根据各县实际情况而定	简易预警、无线预警广播设备设施旁
7	水位、洪痕标志	根据各县实际情况而定	危险区河道岸边、跨河建筑物醒目处

3. 宣传材料维护要求

(1) 教育群众和儿童要爱护设置、安装在防治区内的宣传设施,如宣传栏、标语、标志、标牌等,不要破坏或涂抹等;发放在群众手中的宣传资料,如宣传册、明白卡等,要认真阅读、妥善保存。

(2) 山洪灾害宣传栏至少每 3 年更新一次。

(3) 山洪灾害防御明白卡要保证每户 1 张,发现遗失要及时补发。

(4) 山洪灾害宣传画册、宣传挂图、标语、宣传光盘等,至少每 3 年更新一次。

(5) 山洪灾害标志、标牌,至少每 5 年更新一遍。

2.5.1.4　宣传材料的设计与制作

1. 宣传栏

在山洪灾害危险区县、乡(镇)及行政村居民集中的地方制作安装宣传栏,公布山洪灾害分布示意图,并宣传山洪灾害防御知识和有关规定,以方便基层工作人员日常浏览、观看和学习。

（1）版面内容。宣传栏版面要求内容丰富,至少应包括以下内容:

① 山洪灾害的危害。

② 山洪灾害的形式及特征。

③ 群众如何正确避险。

④ 山洪灾害的防治措施。

⑤ 山洪灾害预警流程。

⑥ 正确识别山洪灾害防御预警信号。

（2）样式及选材。山洪灾害宣传栏版面底板为 8 mm 厚的 PVC 板。根据安装条件、要求的不同,可做成挂式和立柱式两种型式。挂式宣传栏采用膨胀螺钉悬挂固定在墙上,立柱式则通过焊装两边立柱固定在地上。

① 挂式和立柱式宣传栏版面样式如图 2.5.2 所示,宣传栏尺寸拟不小于 2 m ×1.2 m(长×宽)。

图 2.5.2 宣传栏版面样式示意图

② 挂式宣传栏采用不锈钢包边,顶部设两个挂扣,底部设两个暗扣,以固定在墙上(图 2.5.3);立柱式宣传栏主板两边各焊接一根直径为 5.1 cm 的不锈钢管,并挖深度为 60 cm,直径为 50 cm 的坑,回填材料为混凝土(图 2.5.4)。

图 2.5.3 挂式宣传栏安装示意图

（3）制作工艺及安装要求。

① 制作工艺:宣传栏框架用焊接方式制作,5 cm×5 cm×2 cm 不锈钢包边;用 5 mm 厚木质底板牢靠固定在框架上;户外写真版面粘贴要平顺、饱满。制作好的宣传栏要用纸板或包装布包好,以免在运输过程中损伤或破坏。

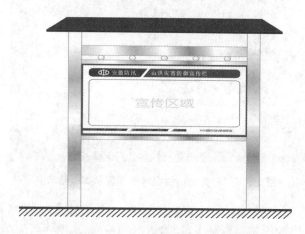

图 2.5.4　立柱式宣传栏安装示意图

② 安装要求:悬挂式宣传栏安装上墙时,要选择可靠、平整的墙面;宣传栏底边离地面高度约 1.2 m;用电钻在墙上钻孔,分别安装膨胀钩和膨胀钉,通过宣传栏背部的暗扣,牢牢固定在墙面上。

在安装立柱式宣传栏时,挖深度为 60 cm,直径为 50 cm 的固定坑,回填材料用混凝土。安装要竖直,不得歪斜。

安装位置应选择在危险区中人流量大、广告集中张贴的地方,例如村委、活动中心、广场附近等地方的墙上或地面。

2. 警示牌

山洪灾害防御警示牌是一种能够让山洪灾害防治区内群众知晓危险区具体位置、相应的转移路线及临时安置点,了解山洪发生时各种预警信号发送形式的警示性宣传工具。

（1）版面内容要求。警示牌的版面必须标明以下内容(图 2.5.5):

① 标明山洪灾害区名称、所在行政村以及所属小流域。

② 标明临时安置点名称、位置和机转移路线。

③ 明确转移预警信号,包括准备转移和立即转移的预警信号。

④ 标绘危险区、临时安置点及转移路线示意图。

⑤ 落款为县(市、区)防汛抗旱指挥办公室。

（2）样式及材质要求。

① 立柱采用坚固耐用的 304 不锈钢管,规格为直径 51 mm,厚度 1.0 mm。将总长 6 m 的不锈钢管,对半截成各 3 m 长的两根立柱;立柱埋深 0.5 m,地面上高度

2.5 m。

图 2.5.5　安徽省山洪灾害防御警示牌版面示例

②警示牌框架采用宽 47 mm 的不锈钢焊成,框架尺寸为 1 294 mm×994 mm,底板用 1.0 mm 厚的不锈钢板制作,扣除边框遮盖部分,中间版面净高 900 mm、净宽 1 200 mm。

③警示牌内容印制在反光膜上。反光膜是由玻璃微珠制成的反射层和 PVC、PU 等高分子材料结合而形成的一种新型的反光材料,耐久性好,在一定的光源照射下能产生强烈的反光效果,常用于高速公路交通标志、警告标志和指示标志。

④警示牌版面底色统一为天蓝色,文字为白色,转移示意图为彩色。

(3)制作工艺及安装要求。

①构造工艺:不锈钢底板、不锈钢压边、围边,撑杆以不锈钢焊接而成。

②版面工艺:要求反光膜的材料耐久性好、印制清晰、色彩鲜艳丰富,压贴在不锈钢底板上要平整,不允许有气泡和褶皱。

③焊接工艺:以氩弧焊将空气隔离在焊区之外,可防止焊区氧化,以防止生锈。

④抛光工艺:机械抛光。

⑤安装要求:安装立柱式宣传栏的立柱埋设坑深度为 60 cm,直径为 40 cm,回填材料为混凝土。安装要横平竖直,不得歪斜。

悬挂式宣传栏安装上墙时,要选择可靠、平整的墙面;宣传栏底边离地面高度约 1.2 m;用电钻在墙上钻孔,分别安装膨胀钩和膨胀钉,通过宣传栏背部的暗扣,牢牢固定在墙面上。

安装地点应选择危险区中人流量大、固定显眼的地方,例如村头、进村公路旁、村委附近等地(图 2.5.6)。

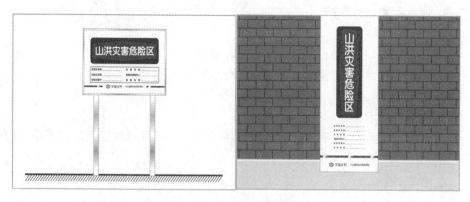

图 2.5.6 警示牌安装示意图

3. 转移路线指示牌

（1）一般要求。

① 应在山洪灾害危险区人员转移路线上的醒目位置，布设人员转移路线指示牌。

② 转移线路指示牌应标明转移方向、转移范围、责任人、避险安置点名称以及联系电话等。

（2）设计要求。

转移线路图应直观地表明转移地点和方向，制作材料要满足夜间使用要求。

转移线路图由标题名称、转移指示、避险安置点名称、文字区域、辅助图案、落款栏等部分组成。

转移路线指示牌版面一般不小于 100 cm×70 cm，详见图 2.5.7。

图 2.5.7 转移路线指示牌示意图

（3）制作安装要求。

可采用户外立牌、墙面挂牌、墙面喷涂等形式，一般以墙面喷涂为主。

4．避险安置点标志牌

（1）一般要求。

① 应在划定的避险安置区域醒目位置，设置避险安置点标志牌。

② 避险安置点标志牌应标明避险安置点名称、安置范围及转移安置负责人。

（2）设计要求。

① 避险安置点标志牌应清晰、醒目。

② 避险安置点标志牌由标题名称、避险标志、文字区域、扶助图案、落款栏等部分组成。

③ 避险区标志牌一般不小于 100 cm×70 cm，详见图 2.5.8。

图 2.5.8　避险区标示牌示意图

（3）制作安装要求：

可采用户外立牌、墙面挂牌、墙面喷涂等形式。

5．特征水位标志

（1）一般要求。

① 应在危险区临河或跨河建筑物醒目处，布设特征水位标志。

② 特征水位包括历史最高洪水位、某一特定场次洪水位、预警临界水位等。

（2）设计要求。

① 特征水位标志应直观、醒目、不易腐蚀；预警临界水位标志应满足夜间使用要求。

② 历史最高洪水位、某一特定场次洪水位特征水位标志由徽标、布设单位、辅助图案、标题名称、水位线、水位值、日期等部分组成，参见图 2.5.9。

③ 特征水位标志尺寸应根据实际情况确定。

（3）制作安装要求。

主要采用墙面喷涂等形式。

6．设备设施标志

（1）一般要求。

① 应在野外的检测预警设备设施的适当位置，制作防盗、防破坏的设备设施

标志。

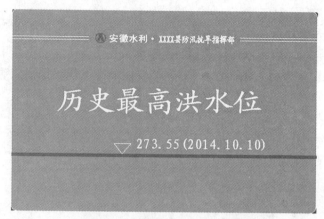

图 2.5.9 特征水位标志牌示意图

② 设备设施标志内容应采用简短性的警示文字,如"防汛设施,严禁破坏"等。

(2) 设计要求:

① 应文字简洁,清晰、醒目且警示性强。

② 设备设施标志尺寸可根据设备设施大小确定(图 2.5.10)。

图 2.5.10 设备设施标志示意图

(3) 制作安装要求。

可采用铭牌、不干胶、喷涂等形式固定于设备设施上或设备设施旁。

7. 宣传册

山洪灾害防御宣传手册是一本汇集了山洪灾害防御相关照片(或图片)和说明文字的图文册。通过照(图)片及相应的文字说明,准确阐明山洪灾害防御的基本知识。

(1) 版面内容要求。山洪灾害宣传册应以图片为主、文字注解为辅的形式呈现主题,应包含以下两个层次的内容:

① 科学防治:展示近年来山洪灾害防治项目建设照片,从而展现出山洪灾害来临时政府职能部门引导人民群众安全转移,确保人民群众的生命财产安全的全过程。

② 人与自然和谐相处:强调人类活动对自然的破坏会加剧山洪灾害的发生。

以图片的形式,提示人们要保护好人类赖以生存的自然环境,杜绝侵占河道、堆砌渣土、乱砍滥伐等行为。

(2) 样式及选材。

① 宣传册样式:宣传画册样式应满足整体造型美观大方、简洁明了、便携等要求。内页以山洪灾害救灾画面为底图,字体要能够突出明确山洪灾害防御知识的主题。

② 设计尺寸:145 mm×210 mm。

③ 宣传册材料的选择:封面采用 300 g 铜版纸、亚光膜(效果挺括、有韧性、色彩饱和、光泽度好),单面四色印刷,胶订。内文采用 128 g 铜版纸印刷(页面光泽度好、韧性佳)。

样式如图 2.5.11 所示。

图 2.5.11　宣传册示意图

8. 明白卡

山洪灾害明白卡是山洪灾害危险区内家家户户必备的资料。明白卡上应标明危险区的位置及其相应的临时安置点、转移路线、当地防御机构负责人姓名和联系方式以及明确的转移信号等。

(1) 版面内容要求:

① 应标明山洪灾害危险区名称及所在乡(镇)、行政村及所属小流域。

② 应标明受威胁户户主姓名及家庭人口情况。

③ 应标明临时安置点名称、位置及转移路线。

④ 应标明危险区防汛负责人姓名、联系方式及各种预警信号形式等。

(2) 样式:

明白卡配以图片,突出山洪灾害防御、紧急避险的主题。版面上标明各种预警信号的形式,并预留位置用于书写危险区名称、临时安置点、转移路线、防汛负责人等信息(图 2.5.12)。明白卡可兼顾其他用途,如年历等,使得明白卡更加实用,让危险区居民更愿意保存或贴挂。

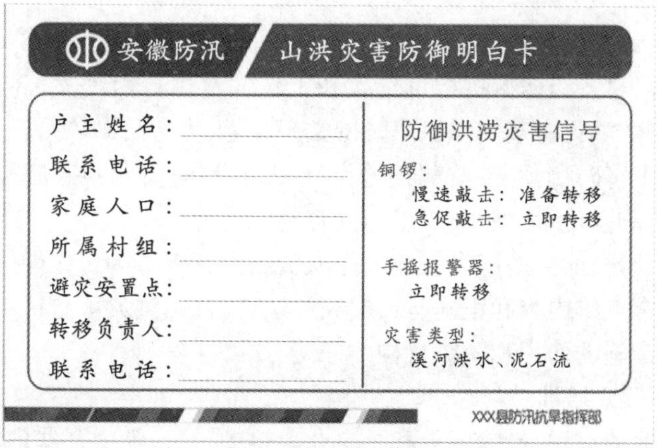

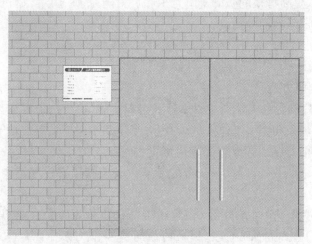

图 2.5.12　明白卡样式示意图

(3) 材料及制作:

明白卡应以铝塑板、PVC 等材料制作,参考尺寸为高 580 mm,宽 420 mm;布设于房屋醒目处,一般可固定在每户正门侧,安装示意图参见图 2.5.13。

图 2.5.13　明白卡安装示意图

2.5.2　山洪灾害防御知识培训

山洪灾害防御知识培训可分为两大类:一是基层山洪灾害防御责任人培训,即对各级防御工作责任人和工作人员开展山洪灾害防御常识、业务能力和监测预警技术应用的培训;二是山洪灾害防御常识培训,即对山丘区的干部群众开展山洪灾害基本常识和危害性、避险自救技能等的培训。

2.5.2.1　培训的任务与目标

1. 基层防御责任人培训

应对县、乡、村各级防御机构负责人和工作人员进行山洪灾害防御工作培训,内容主要包括:山洪灾害基础知识及防御常识;山洪灾害防御体系详解;县、乡(镇)和村各级山洪灾害防御预案;监测预警设施使用操作;监测预警流程;人员转移组织;山洪灾害防御宣传、培训、演练工作内容及方法等。

应通过培训,全面提高广大基层工作人员山洪灾害防御工作能力,使之掌握山洪灾害防御日常工作内容和正确防灾避灾方法,以使山洪灾害防御工作落到实处,充分发挥防治措施的作用和防御机构的职能。

2. 山丘区群众培训

应对山丘区的村民、抢险队员和企事业单位的员工、学生开展山洪灾害基本常识培训,内容主要包括:山洪灾害基础知识及防御常识;雨水情信息的获取;预警信号传递;避险转移及抢险、自救、互助的技能等。

应通过加强培训,使得住在山丘区的干部群众能充分了解山洪灾害的特性,掌握雨水情和工程险情的简易监测方法,熟悉预警信号及其发送和传递方式以及避险转移路线等,提高群众的防御避险意识和自救能力;使基层防御机构抢险队员能熟练掌握应急抢险救助的技能。

2.5.2.2　培训的组织与要求

1. 组织实施方式

(1) 基层防御责任人培训主要由县级组织实施,接受培训者为县、乡(镇)和村级防御机构负责人和主要工作人员以及县、乡(镇)主要成员单位负责人,培训以培训班的方式集中开展。省级防御机构负责编写统一的培训教材,各县分别采购或按标准印制。培训教师可邀请省、市的专家以及监测预警设施建设单位的技术主管等担任。

(2) 山区群众培训主要由乡(镇)、村级防御机构或者企事业单位负责组织实施,采取会议的方式或者结合乡(镇)、村级的宣传和演练活动统筹安排,可相对分散、灵活有效地加强培训工作。培训教材可采用基层防御责任人培训时分发的材料或者根据实际需要另行编定、印制。培训教师可由各级防御机构责任人或主要工作人员担当。

2. 培训工作要求

(1) 市、县山洪灾害防御机构应加强组织领导,落实培训相关人员,协调各成员单位和项目实施单位,组织好基层防御责任人培训工作。宜由县政府发文通知各成员单位、乡(镇)、村的责任人及主要工作人员参加培训。

(2) 监测预警系统建设单位应提供齐全的使用说明、技术手册、操作流程等,协助管理单位建立相应的运行维护规章制度,并协助做好培训工作。

(3) 乡(镇)和村级防御机构要加强本辖区内的防御常识培训,培训对象应包括各岗位责任人、受山洪威胁的村民、企事业单位的员工、学生以及应急抢险队员等。

(4) 县级山洪灾害防御机构负责落实培训经费,并保证资金到位。

(5) 基层防御责任人培训和防御常识培训每年至少各举办 1 次,每次培训应做好文字、照相等多媒体记录和签到记录,以便存档、备案。

(6) 各级防汛指挥机构加强监督检查,定期到场参加和检查辖区内培训情况,并建立相关考核制度。

2.5.2.3　基层山洪灾害防御责任人培训

1. 培训课程内容

培训课可根据实际情况同时或分场次进行讲授,培训课主要有以下内容:

(1) 观看山洪灾害防御宣传专题片。

(2) 学习山洪灾害基础知识,由培训教师讲解山洪灾害的定义、特性、防御、应急避险等基础知识以及日常工作生活中注意如何规避山洪灾害的威胁。

(3) 讲解山洪灾害防御体系,包括各级山洪灾害防御机构的组成和职责分工。

(4) 讲解各级防御预案,包括各级山洪灾害防御预案的编制及其操作,包括应急响应、转移避险、抢险救灾、灾后重建等。

(5) 讲解预警平台软件操作方法,由专业技术人员讲解预警平台软件的操作与使用,使各负责人均能熟练登录、操作软件。

(6) 培训山洪灾害监测预警设备运行与维护能力。通过培训,使系统管理和应用人员全面掌握设备的使用方法和日常维护的技能,确保系统能正常运行、预警信息能及时发布,充分发挥各系统的功能。

(7) 培训简易监测预警设施的使用与维护,主要包括简易雨量报警器、简易水位站或报警器、预警广播的使用与维护,使村级监测员和预警员明确职责,能熟练使用以及精心管护相应设备设施。

(8) 讲解县、乡(镇)和村各级防御工作流程和要求,包括讲解各防御机构责任人的工作内容、工作流程等,强调各项防汛规章制度和防汛纪律。

(9) 讲解山洪灾害防御宣传、培训、演练工作内容及方法。指导各级防御责任机构开展山洪灾害宣传、培训和演练工作的方法,包括宣传材料制作分发、宣传活动开展、培训演练的内容与流程等。

(10) 观摩典型山洪灾害防御演练。培训时应尽可能安排一场典型的山洪灾害防御应急演练。在培训的最后阶段组织培训人员现场观摩演练,让大家亲身体会演练的流程、方法与氛围,以便乡(镇)和村级防御机构能更好地开展本级演练工作。

2. 培训人员

根据基层山洪灾害防御责任人培训要求和实际情况,参加培训的人员可按以下原则进行安排:

(1) 县级从事山洪灾害防御工作的领导及工作人员 2~3 人。

(2) 指挥部各成员单位负责人,每个单位 1 人。

(3) 乡(镇)山洪灾害防御指挥部责任人及主要工作人员,每个乡(镇)2~3 人。

(4) 村级山洪灾害防御工作组负责人、网格格长、岗位责任人,每个行政村 2~3 人。

3. 培训组织方式

培训采用集中的方式进行,由县级山洪灾害防御机构负责组织,组成会务组负责会务工作,落实培训教材和培训老师;县级防汛指挥机构负责通知各参加培训的单位和人员;县级防汛指挥机构主要领导出席并致辞。

4. 培训教材及教师

(1) 培训教材:需根据本区域山洪防治项目的实际情况和技术水平发展,适时更新培训教材。

培训会上分发的材料主要有以下几种:

① 培训会务指南。由会务组编印,写明会务日程安排、培训内容、主讲人、演练观摩地点、参观路线和车辆安排等。

② 山洪灾害防御培训手册。培训会的主要教材为自制的培训手册,也可采用正式出版的知识手册或工作指南等。

③ 山洪灾害宣传材料。在培训材料中应加入省级山洪防御机构统一印制的宣传画册、明白卡、传单等,让参会人员进一步掌握山洪灾害的防御知识,并了解这些宣传材料的用途和用法。

④ 山洪灾害防御预案范本。培训会上应发放县、乡(镇)、村三级防御预案的范本,使大家了解预案的编制方法和具体操作要求。

⑤ 说明书、操作手册。在监测预警系统的运行与维护的培训中,需要提供相关的说明书、操作手册等材料。

⑥ 相关的讲义。根据培训的内容和具体要求,还要印发其他有关的讲义,如山洪灾害防治的管理文件、项目建设进度、相关的防御案例等。

(2) 培训教师。各县根据需要,邀请省、市级防汛指挥机构、科研院校的领导或专家到会授课。

2.5.2.4　山区群众培训

1. 培训内容

山区群众培训的内容主要如下:

（1）播放山洪灾害防御宣传专题片。让群众对山洪灾害的特性、危害及其防御方法产生感性和初步的认识。

（2）传授山洪灾害基础知识。由培训教师讲解山洪灾害的定义、成因、特性、对人类的危害以及本区域山洪灾害的特点等。

（3）讲解山洪灾害的防御知识。详细讲解山洪灾害的监测预警、应急转移、抢险救灾、互助自救等防御常识。

（4）讲解日常生活注意事项。培训山丘区群众在生活、工作、学习、建房、旅游等日常活动中应了解的注意事项和应采取的防范措施，以最大限度地避免或减少山洪带来的人员和财产的损失。

2. 培训的组织方式

山丘区村民、工作人员、应急抢险队员等干部群众的培训由乡（镇）或村级防御机构组织，也可结合乡（镇）或村级的宣传和演练统筹安排。

3. 培训人员

参加山洪灾害防御常识培训的人员主要有：乡（镇）、村级防御机构工作人员、应急抢险队员等；危险区居民、村民；企事业单位人员等。

4. 培训教材及教师

（1）培训教材。山洪灾害防御常识培训的教材选择可参照基层防御责任人培训所用的教材，包括山洪灾害防御宣传专题片、山洪灾害防御培训手册、山洪灾害宣传材料等。

（2）培训教师。可由各级防御机构责任人或主要工作人员担当，也可到科研院校等有关部门邀请专家来授课。

2.5.3　山洪灾害防御演练

2.5.3.1　乡（镇）级山洪灾害防御演练

1. 演练目的

山洪灾害防御演练旨在提高乡（镇）防御指挥部的工作能力，提高人民群众遇到山洪灾害时的自救能力和逃生能力，检验乡（镇）山洪灾害应急预案和措施的可行性，锻炼乡（镇）防汛应急抢险队伍、各响应部门的应急能力（图 2.5.14、图 2.5.15）。

2. 演练任务

（1）坚持以人为本，演练紧急转移受山洪威胁的群众。

（2）演练依据乡（镇）山洪灾害防御预案，模拟在强降雨引发山洪的情况下，乡（镇）属各部门、村、组迅速做出响应，协同完成监测、预警、转移、临时避险等工作。

（3）演练组织应急抢险队搜救没能及时撤离的群众，医疗卫生部门演练及时救治受伤人员。

图 2.5.14　山洪灾害防御演练（一）

图 2.5.15　山洪灾害防御演练（二）

（4）演练组织防疫部门检查、监测灾区的饮用水源、食品等，进行消毒处理，防止和控制传染病的暴发流行等。

（5）对参演村民开展培训和宣传，分发宣传材料。

3. 演练的地点和时间

演练可安排在本乡(镇)内受山洪威胁较严重的村进行,具体地点可选择村委广场或其他开阔场地,以便村民操练和观摩。演练时间约半天,可与培训和宣传一起统筹安排。

4. 指挥机构及职责

参加演练的单位有县级防御指挥机构、乡(镇)政府、乡(镇)属各部门包括水利站、自然资源所、农业服务中心、派出所、卫生院、民政办、林业站、村党支部、村民委员会等。典型演练应有县政府相关部门和领导参加。

根据安徽省山洪灾害防御网格化责任体系及岗位责任制要求,演练指挥机构原则上以既定的乡(镇)山洪灾害防御机构为准,并在此基础上加入参演的县级和村级的领导和工作人员,由格长(指挥长)及下设的"监测""预警""转移""安置"4个岗位组成。

(1) 格长由乡(镇)长担任,负责乡(镇)演练的具体指挥和调度。

典型演练还可设总指挥长和副总指挥长,由分管副县长担任总指挥长,县水利(水务)、自然资源、气象、民政等部门领导担任副总指挥长。总指挥长负责演练全盘指挥工作,检查督促山洪灾害防御预案及各级职责的落实,并根据山洪预警汛情的需要,行使指挥调度、发布命令,调集抢险物资器材和全乡总动员等指挥权。副总指挥长负责山洪灾害危险区、警戒区的监测和洪灾抢险,随时掌握雨情、水情、灾情、险情动态,落实指挥长发布的防御抢险命令,指挥群众安全转移、避灾躲灾,并负责灾前灾后各种应急抢险、工程设施修复等工作。

(2) 监测岗位人员包括乡(镇)政府的水利站、自然资源部门人员和村级巡查信息员等,负责监测辖区雨量遥测站、气象站等站点的雨量,水利工程、危险区及溪沟水位,泥石流沟、滑坡点的位移等信息。监测人员必须清楚了解本地的预警阈值指标,在发生较强降雨时及时向村级负责人通报雨水情信息,在紧急情况下,可以直接向预警岗位人员、村民发布信息;在发现险情后,应及时在危险区划定警戒线,或者拉起警戒绳索,保证群众安全。

(3) 预警岗位人员应根据上级通知,及时向群众发出预警信息;在紧急情况下,可以直接向群众发布预警。预警岗位人员应熟悉本地区撤离信号和发布流程,能熟练使用预警设备设施。

(4) 转移岗位的组长由政府的副乡(镇)长等相关领导担任,在演练中也可由村支书、村主任担任,成员包括乡和村的其他干部、农业服务中心人员以及村级预警岗位人员。转移岗位负责按照演练指挥部的命令,敲响铜锣和摇响报警器等,并带领抢险队员,一个不漏到户到人地动员群众,组织群众按预定的安全转移路线有序转移避险。转移时按先人员后财产,先转移老、弱、病、残、儿童、妇女,后转移一般人员的原则进行,同时确保转移后群众财产的安全。

(5) 安置岗位的组长由政府的副乡(镇)长等相关领导担任,成员包括乡(镇)

政府的派出所、卫生院、电力等部门人员。演练中应指定现场负责医疗救护和防疫的人员来负责抢救受伤群众,保障群众的生命安全;同时做好受灾区域的卫生消毒工作;演练中应保证通信、照明和电力设施的正常运行。

5. 演练纪律

(1) 服从命令,听从指挥。

(2) 坚守岗位,任何人员未经批准不得离岗。

(3) 各部门必须各司其职,加强配合。

6. 演练准备工作

(1) 参演人员着装。

① 医疗救护人员和防疫人员统一着装。

② 公安民警统一穿制式警服。

③ 指挥部成员及应急抢险队员统一穿作训迷彩服、作训鞋,应急抢险队员还需穿防汛救生衣。

④ 演练指挥部总指挥长、正副指挥长统一佩戴相应指挥袖标,各组组长戴相应组长袖标。

(2) 演练现场布置。

① 临时指挥部布设在场地一侧。放置桌椅,拉上"某乡山洪灾害防御应急演练指挥部"的横幅,再设置好音响和话筒,即可组建成一个临时指挥部。

② 在应急避险点内布置两顶救灾帐篷,用于安置危险区转移人员和紧急救护受伤人员。

③ 如果有参加培训的人员或者其他乡(镇)相关人员到场观摩,应在临时指挥部附近空地设置观摩区,观摩区应布置数量适当的遮阳伞和座椅。

④ 演练前检查危险区、应急避险点、转移路线等山洪灾害防御标志是否齐全,如有缺失应补充完善,另行制作"观摩区""避险区""临时医疗点"标牌以划分现场的各个分区。

⑤ 悬挂张贴有关山洪灾害防御的标语、海报和挂图等。

(3) 必要的设备设施。

① 准备好铜锣、手摇报警器等预警设备,交由预警岗位人员负责,并明确预警信号。

② 准备禁止通行的标牌、锥筒以及封锁胶带等,以便维持现场秩序和在演练中封锁进入危险区的道路。

③ 准备好救护车以及担架、急救箱等紧急救护器材。

④ 准备防疫喷雾器、饮用水消毒设备等工具和器材。

⑤ 准备本区域的地图及水系图,供指挥部临时会商用。

⑥ 准备若干宣传材料,如宣传画册、传单、明白卡等。

(4) 人员就位。

① 4 个岗位的工作组的全体成员在指挥部前列队待命。

② 派出所民警或交通警察就位,维持现场秩序。

③ 危险区内的村民群众在各自家中等待,听预警信号行动。指定安排好"伤员"和需要抢险队员搜救的未及时撤离的"受困人员"。

④ 摄影、摄像和解说员就位。

7. 演练流程

(1) 在正式演练前一天可适当组织预演,让参演人员熟悉演练过程,避免忙中出错。

(2) 提前布置好现场,演练前参演人员、观摩人员按时、有序进入预定位置。

(3) 总指挥长致辞,阐明演练的重要性和提出相关要求,并宣布演练开始。

(4) 按事先准备好的脚本进行演练。演练过程中安排解说员,对演练中的各种行为进行解说,使演练流程更清晰、内容更丰富、更具可学习性。演练脚本可根据本地的实际情况和演练要求来编写,应紧扣乡(镇)的山洪灾害防御预案,力求契合实际、简练有序。

(5) 演练结束后,充分利用现场条件,对参演的村民进行山洪灾害宣传,讲解山洪灾害防御常识,分发宣传册、传单、明白卡等。

2.5.3.2　村级山洪灾害防御演练

村级山洪灾害防御演练在乡(镇)级山洪灾害防御演练的基础上加以简化,以应急避险转移为主,包括简易监测预警设备的使用、预警信号发送、人员转移等。

演练前后可以适当开展培训和宣传活动,如演练前组织参加演练的村干部、村监测员、预警员以及受威胁村民接受山洪灾害防御知识培训和演练流程的讲解;演练后,现场进行山洪灾害防御宣传,向群众发放宣传画册、传单等,同时宣讲一些山洪灾害防御常识。

1. 演练目的

村级山洪灾害防御演练旨在提高村级防御工作组的工作能力,检验本村山洪灾害防御预案的可行性,提高村民在遇到山洪时的自救能力和逃生能力。

2. 演练任务

(1) 模拟强降雨引发山洪,村防御工作组迅速反应,及时发出预警,组织村民转移到应急避险点,险情过后有序返回。

(2) 组织应急抢险队搜救未能及时撤离的村民。

(3) 对参演村民开展培训和宣传,分发宣传材料。

3. 演练地点和时间

演练在本村的危险区与应急避险点之间进行,时间约 1 h。

4. 演练人员安排

(1) 村主任(格长):村主任或村党支部书记负责本村演练的具体指挥和调度

工作,随时掌握雨情、水情、灾情、险情动态,按照山洪灾害防御预案,指挥群众安全转移,避灾躲灾。

(2) 监测岗位:包括监测员1～2人,负责随时接收和掌握上级发布的雨水情,并通过简易雨量水位尺监测当地的实时雨量、水位变化;同时监测附近水利工程的工况和边坡的稳定性等信息。出现险情时,监测员立即向村级负责人、预警员汇报,并协同村防御工作组其他成员一起组织群众转移。

(3) 预警岗位:包括预警员2～3人,负责在接到上级指令或监测员传递的险情时,立即按照预先约定的信号向群众发出预警,负责设法通知到受山洪威胁的每一位村民,并与村防御工作组其他成员一起组织群众转移避险。

(4) 转移岗位:包括转移组组长1人,队员约20人,负责宣传、动员群众按要求转移避险,帮助老、弱、病、残、孕人员安全转移,搜救受困人员等。

5. 演练准备工作

(1) 演练现场悬挂演练主题横幅,设置临时指挥用的桌椅。

(2) 演练前检查危险区、应急避险点和转移路线,并完善警示标志、标牌。

(3) 防御工作组人员统一穿上防汛救生衣。

(4) 准备若干宣传材料,如宣传画册、传单、明白卡等。

(5) 准备好铜锣、手摇报警器、预警广播等预警设备。

(6) 确定需转移的参演村民,并指定一部分村民扮演未能及时撤离的需要抢险队搜救的"受困人员"。

(7) 准备好摄像设备。

6. 演练流程

(1) 集中村级防御工作组和危险区村民进行演练前培训和动员。

(2) 防御工作组各成员按演练部署就位,村民返回家中待命。

(3) 按事先准备好的脚本进行演练。

(4) 演练结束后,充分利用现场条件,对参演的村民进行山洪灾害宣传,讲解山洪灾害防御常识,分发宣传册、传单、明白卡等。

第3章　山洪灾害防御工作流程

由于山洪灾害来势猛、成灾快,留给人们防御的时间和空间都比较紧迫。为做好山洪灾害防御工作,需落实"监测、预警、转移、安置"4个重要环节,最大限度地减少山洪灾害导致的人员伤亡和财产损失,最大限度地防止因灾致贫。乡(镇)要组织修订和细化村级防御山洪灾害防御预案,在预案中落实"监测、预警、转移、安置"等4个重要环节的措施和责任,做到测报有设施、预警有手段、转移有路线、避灾有地点、安置有方案、生活有着落、防疫有保障(附录1)。

3.1　做好临灾监测

能够第一时间发现山洪灾害发生的前兆是做好山洪灾害防御工作的前提和基础。根据山洪灾害防御的需要,安徽省在山丘区采取了自动监测结合人工监测的模式开展临灾监测(图3.1.1)。乡(镇)应落实监测责任人,汇总分析研判辖区内的各类监测信息。对有监测设施的行政村、水库、河道等落实监测岗位人员。

3.1.1　自动监测

根据山洪灾害防御需要,在重要节点开展雨量、水位自动监测(图3.1.2),在重要位置开展视频、图像监测。安徽省各级水行政管理单位已建的雨水情自动监测站点数据已在省水利厅统一接收、汇总管理,并在安徽省基层防汛监测预警平台上实时显示。安徽省水利厅已为省、市、县、乡(镇)各级用户配置了权限和账号,各级用户可登录平台或者手机APP查看实时信息。

1. 监测频次要求

进入汛期,各级水行政管理单位要安排专人坚持24 h值守,密切监视天气变化和雨水情信息。河道堤防、水库、山塘等防洪工程设施要落实人员不间断巡查,发现异常情况要随时报告。

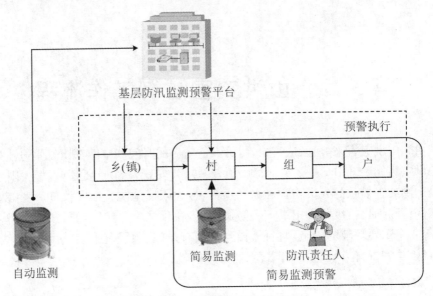

图 3.1.1　临灾监测流程示意图

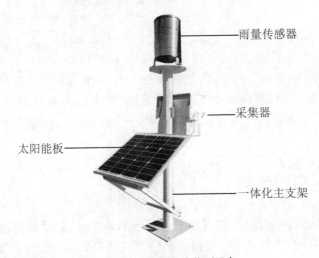

图 3.1.2　雨量自动监测设备

2. 监测信息处理流程

对基层防汛监测预警平台监测到的自动监测站点信息,尤其是超过预警阈值的信息,应第一时间复核数据的真实性。重点关注那种上报站点的降雨量较大,而附近站点的降雨量较小的情况。确认后,经过研判采取必要的应对措施,并第一时间通知相关地区责任人及危险区内群众,提前做好防灾避险准备。

3. 自动监测数据复核

对自动监测站点发现的数据,核实一般分为两步:查看附近气象、水文监测站点降雨情况,打电话至降雨所在地询问。核实时一般应拨打固定电话联系。如出现无法接通等异常情况,应高度警惕,防止因信号中断、供电中断导致信息无法正常传输。

3.1.2　人工监测

为充分发挥村(组)自防自救的作用,在部分自动监测未覆盖的地区,设置简易雨量报警器(图 3.1.3);在水库、河道因地制宜建设人工水位站。乡(镇)监测责任人应确切落实每一个简易雨量报警器、人工水位站的监测岗位人员。

图 3.1.3　简易雨量报警器

1. 监测频次要求

简易雨量报警器一般设置在村委会。当预报有强降雨时,监测责任人应定时观察,遇到大到暴雨或水位上涨等危险情况时,应根据降雨强度加密监测。一般有大到暴雨时,监测时间间隔应不长于 1 h。

人工水位站一般设置在水库坝上或河道上游。设置水库坝上的人工水位站,监测频次应与水库巡查频次一致;设置在河道上游的人工水位站,发现水位明显上涨时,应不间断监测。

2. 监测信息处理流程

当人工设施监测岗位值班人员观测到数据达到或超过预警值时,应通过手机、固定电话等,及时报告乡(镇)、村监测责任人,由乡(镇)上报至上级水行政主管单位。如发现手机、固定电话打不通,应通过人工方式(如上门)通知所在村(组)自行开展应对工作。

3.2　及时发布预警

　　根据安徽省山洪灾害防御机制体制,山洪灾害防御的责任主体在基层地方政府,省、市级水行政主管部门则负责对辖下山洪灾害防御工作进行业务指导和技术支援。然而山洪灾害突发性强、预测预报难度大,预警发布过早,则精度不佳、范围过大;预警发布得晚,则个人和组织的响应时间可能不足。而且发出预警信息后,只有快速、及时送至受威胁人员并转化为避险行为,预警才是有效的。结合工作实际,安徽省山洪灾害预警业务流程划分为预警发起、内部预警、预警研判、外部预警4个阶段(图3.2.1),内部预警通过安徽省基层防汛监测预警平台自动向市、县级业务人员发布,外部预警向各级责任人和社会公众发布。预警业务流程的4个阶段主要工作在县级执行,省、市两级通过系统对辖下实时预警进行总览,对预警处置的及时性进行督办。

3.2.1　预警发起

　　安徽省基层防汛监测预警平台预警的发起有两条途径:一是通过实时监测信息触发。数据来源为雨水情自动监测站点,当雨水情自动监测站点回传的雨量、水位信息超过设定的预警指标时自动发起预警,预警指标主要通过前期开展的洪涝灾害调查评价确定。二是通过气象预报信息触发。数据来源为气象部门的1 km×1 km网格高精度降雨预报数据,系统对应气象预报信息将预警级别分为4级,即Ⅳ级(可能发生)、Ⅲ级(可能性较大)、Ⅱ级(可能性大)和Ⅰ级(可能性很大)。

　　根据水利部相关技术要求,预警指标即阈值按照雨量、水位不同监测要素,分为准备转移、立即转移。安徽省山丘区一般采用雨量指标作为预警指标。一般来说,当雨量超过准备转移阈值时,降雨即将对降雨区产生较大影响,需要加强戒备;当雨量超过立即转移指标时,降雨已对降雨区产生较大影响,需要立即采取人员转移等应对措施。

　　2013年以后,在水利部统一部署下,安徽省开展了山洪灾害调查评价,省水文局已初步确定了各地分区域的雨量预警阈值。各县要参考该阈值成果,并根据历史防御情况及时对预警阈值进行修订,提高预警指标的科学性,既要避免预警阈值过大导致已经成灾但人员尚未转移的事故,又要避免预警阈值太小频繁组织人员转移。每次人员转移后,均要把本次转移的时机反馈给所在地水利部门,以便修订阈值。

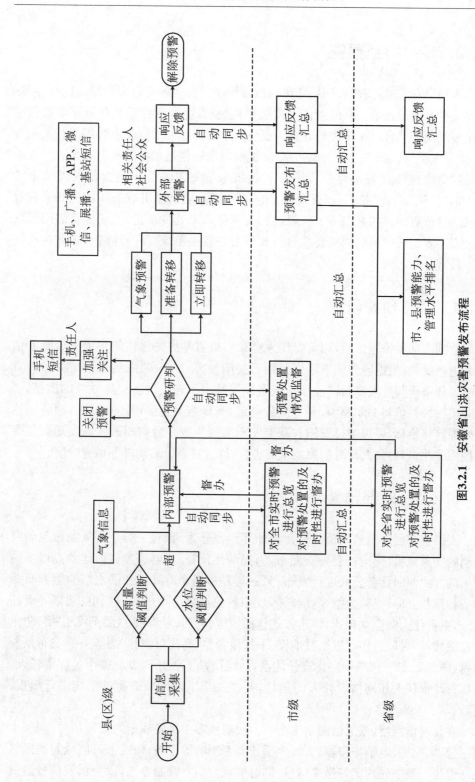

图3.2.1 安徽省山洪灾害预警发布流程

3.2.2 内部预警

当预警发起时,安徽省基层防汛监测预警平台自动触发内部预警,自动调用短信网关平台向该预警关联的责任人发送手机短信,提醒责任人员登录安徽省基层防汛监测预警平台对预警进行处置。责任人主要为各级水行政主管部门相关负责人、值班人员等。如果发送对象是水库,提醒对象还包括水库的 3 个责任人。安徽省基层防汛监测预警平台预置了全省各级水旱灾害防御相关责任人以及全省5 956座水库的行政、技术、巡查责任人的联系电话等信息,并在每年汛期到来前通过系统进行更新。如果在一定时限内相关责任人未处置预警,上级主管部门可以通过安徽省基层防汛监测预警平台给预警所在县级单位发送督办短信,并将此纳入考核打分。

3.2.3 预警研判

收到内部预警短信后,相关责任人登录安徽省基层防汛监测预警平台查看信息并进行研判,根据研判结果不同分别有关闭预警、加强关注、启动响应 3 种处置措施。如果研判发现降雨已经停止或者预警是由于现场设备故障导致的虚警,可以关闭预警并填写关闭原因,预警流程结束;当研判发现降雨还在持续,但并未达到立即转移指标,可以通过安徽省基层防汛监测预警平台向相关区域发送短信要求加强关注;当研判发现可能要发生灾害,可以通过系统启动外部预警响应。

3.2.4 外部预警

安徽省基层防汛监测预警平台将外部预警分为两类,一类是由气象信息研判得到的气象预警,面向社会公众发布,为提示性预警,主要通过通信运营商以基站短信的方式面向社会公众进行发布;另一类是根据实时降雨和洪水监测值发布的准备转移和立即转移,为指令性预警,发布对象主要为乡(镇)、村、组、网格等责任人,再由责任人向群众转达,转达方式包括短信、电话、对讲机、无线预警广播、防汛信息展播等,村(组)还可以通过铜锣、手摇报警器、高频口哨、广播等方式发布预警信息(图 3.2.2)。按照网格化责任体系,系统预置了全省50 000 多个包保责任人、防御行政责任人和网格责任人的信息,并在每年汛期到来前通过系统进行填报、更新。

在无通信网络(或通信网络中断)时,按照预案中事先确定的报警信号,利用手摇报警器、鸣锣、电子报警器、无线广播或高音喇叭等设备,向灾害可能威胁的区域发送警报。要事先约定好撤离信号,同时要规定信号管制办法,以免误发信号造成混乱。每一种预警设备均应明确专人负责,预警岗位人员应听从预警责任人的统一指挥和调度。

图 3.2.2　人工预警

3.3　提前组织转移

接到预警信息后,转移责任人迅速将预警信息传递至转移岗位人员,受威胁区群众在转移岗位人员的组织和指挥下迅速按预定路线安全、有序地转移。

乡(镇)落实转移责任人统一发布转移指令,各村落实转移责任人(包括网格长)分别负责本村的转移工作。按包保到户的要求划分责任网格,落实转移岗位人员。

3.3.1　转移原则和纪律

1. 转移避险的原则

(1)先人员后财产,先老、弱、病、残、幼、孕,后一般人员的原则。

(2)避险地点一般遵循就近避险、集中避险与分散避险相结合的原则。

2. 转移避险的纪律

转移工作采取县、乡(镇)、村、组干部层层包干负责的办法实施,统一指挥、统一转移、安全第一。特殊人群的转移避险必须采取专项措施,并派专人负责,如老、弱、病、残、幼、孕人员,汛前各村(组)必须统计摸底,针对此类人员,安排具体人员有针对性地专人负责,儿童由家长带领。尤应加强乡村中小学学生的转移避险工作,逐校明确转移责任人和转移岗位人员,提高警惕、严密组织,以确保万无一失。

当收到立即转移预警时,应组织人员根据降雨发展情况,逐步撤离危险区(图3.3.1)。一般提前将老、弱、病、残、幼、孕等重点人群提前转移(图3.3.2)。

图 3.3.1　人员转移

图 3.3.2　特殊人群转移

3.3.2　转移避险的组织

根据山洪灾害防御预案确定各村(组)的转移负责人和转移人员。

转移避险负责人负责组织、协调、指挥、督导本村各组村民的转移避险工作,并及时向所在乡(镇)防汛指挥机构报告就地避险和转移避险进展情况,避险就绪后,乡(镇)防汛指挥机构向县防汛指挥机构汇报。

山洪灾害立即转移指令发出后,转移避险负责人应依照转移原则,快速、高效率地转移相关人员,负责处理转移中出现的突发事件,并有权对不服从转移命令的人员采取强制性转移措施。

3.3.3　转移路线与地点

转移避险路线的确定遵循就近、安全的原则。在汛前要拟定好转移路线,汛期到来后有转移任务的行政村负责人应经常检查转移路线是否正常,如发生异常应及时修补或改变路线,转移路线应避开跨河、跨溪或易滑坡等地带。应对干部、群众进行宣传,使其熟悉转移负责人及路线。

3.3.4　转移人员核对

在转移过程中,要对照防御预案中确定的人数进行转移,确保应转全转。无法联系的或在住户处未能确定转移的人员,要准确知晓其去向。在转移过程中应随时关注转移人员的动向,在抵达安置点前不允许私自离队,防止转移过程中出现意外事件。

3.4　妥善安置人员

将危险区群众安全转移到安全区后,需要进行妥善安置,确保有饭吃、有衣穿、有干净水喝、有住处、有病能及时就医,保障灾区社会稳定。安置责任人应熟悉安置人员的整体情况,及时落实各项保障措施。

宜以乡(镇)为单位集中安置,以提高保障能力。乡(镇)落实安置责任人,村级安置责任人和安置岗位人员应做好配合工作。

1. 做好与转移人员的交接

对所有抵达安置点的群众,安置责任人应逐人做好登记,并以相邻住户为单元,分组确定安置岗位人员。为方便管理,一般来说,一个安置岗位人员负责联系的户数不宜超过 5 户。

2. 安置地点的选择

安置地点的选取原则是要把人员安全放在第一位,避免从一处灾害危险区迁到另一处灾害危险区。安置地点一般应就近选择,安置形式要因地制宜,集中安置与分散安置相结合。考虑到安置压力,尽可能采用结对帮扶、投亲靠友等方式分散安置。集中安置要尽可能利用处于安全区内的村部、学校等公用房屋;没有条件的则可以通过搭建临时帐篷,以村为单位进行集中安置、统一管理(图 3.4.1)。

图 3.4.1　临时安置点

3. 做好安置保障

集中安置后,必须以满足受灾群众紧急需求为目标,保障水、食物等供应,并提供基本的医疗服务(图 3.4.2)。可提前与接近安置地点的超市签订代储协议,减轻安置物资供应压力。

图 3.4.2　安置保障物资

4. 做好安置点人员管理

加强安置点人员的确定、人数的确定及人员进出把关,可利用吃饭时间、晚上休息时间等不定时清点人数,确保威胁解除前,集中安置人员不回流。

5. 做好秩序维持

做好转移安置群众及救灾工作人员的人身财产安全保卫工作,严防各类治安、刑事案件的发生,及时调解矛盾纠纷。

6. 做好卫生防疫措施

由于发生山洪灾害时气温通常较高,要及时清理安置点的垃圾,将灾民的排泄物与水源以及居民区隔离,并及时做好安置点排泄物与废弃物处理,防止安置点发生疫情。同时,组织对过水村庄进行消毒,防止灾后发生疫情(图 3.4.3)。

图 3.4.3　卫生防疫人员在安置地进行消毒

7. 组织人员有序返回

组织人员对受影响区房屋进行查看和安全鉴定,尤其是房屋是否受损、房屋内是否有危险动物等,确认安全后组织人员有序返回。

第4章 监测预警设备设施

为了保障山丘区人民生命财产安全,有效降低山丘区山洪灾害损失,根据国家统一安排部署,从 2009 年开始,安徽省分多个年度开展了 43 个县(县级市、区)山洪灾害防治非工程措施的建设。建设范围覆盖安徽省山洪防治区,涉及 9 个市级、43 个县(县级市、区),涉及总人口 1 030 万人。截至 2020 年 12 月底,安徽省山洪灾害非工程措施项目共建成自动雨量站 1 151 处、自动水位站 916 处、图像监测站、视频监测站 234 处;配置无线预警广播 2 492 个、学校预警设备设施 46 处、预警信息展播设备 10 套;配置简易雨量(报警)器 2 983 个、简易水位站 808 个、手摇警报器 6 685 台以及锣、鼓、号、口哨等 6 700 个,已经初步形成了一个完整的山洪灾害监测、预警信息化体系。

4.1 自动雨量监测站

4.1.1 站点建设要求

自动雨量监测站(图 4.1.1)以雨量观测设备为核心,配置 RTU 遥测终端、通信终端、供电设备以及防雷接地系统,可实现雨情信息的自动采集和传输。目前,安徽省各地已建自动雨量监测站 1 151 处,雨量观测设备主要为翻斗式雨量计,供电设备主要为太阳能浮充蓄电池。

自动雨量监测站的雨量筒周边应无障碍物;无法避开时,障碍物到雨量筒的距离与障碍物的高度比不得小于 2 倍。自动雨量监测设施周边 20 m 范围内不得有高秆作物、树木等。自动雨量监测站的工作原理为:承水口将收集的雨水经过上筒过滤网注入计量翻斗。翻斗是中间被隔板等容积二分的三角斗室,它是一个机械双稳态结构,当一个斗室接水时,另一个斗室处于等待状态,当所接雨水达到预定值时,在重力作用下使翻斗翻转,让另一个斗室处于工作状态。翻斗侧壁装有磁钢,翻动的翻斗从干式舌簧管旁通过并被扫描,使干式舌簧管于此通断,即干式舌簧管送出一个开关信号。这样,翻斗翻动的次数就可以用干式舌簧管通断形成的脉动信号来计数,每记录到一个脉冲信号,便代表 0.5 mm 的降雨量,这样就实现了降水、降雨遥测的目的。

图 4.1.1 自动雨量监测站

4.1.2 常见故障问题分析和处理

1. 雨量数据误差大

雨量数据误差大主要表现在自动雨量监测站接收的雨量数据与实际降水量不符甚至出入较大,这种故障较为常见。首先,应考虑雨量筒翻斗内壁是否有污物,特别是在灰尘较多和附近有较多树木的地区,翻斗内会有累积的泥砂、树枝、落叶和昆虫粪便,影响了翻斗的盛水体积,造成雨量数据采集不准确。在这种情况下,一般用细毛刷和清水小心清理翻斗斗室内的杂物即可排除故障。

其次,要注意检查雨量翻斗内的宝石轴承是否损坏。轴承损坏主要表现为翻斗转动不灵敏、不灵活,即便斗室盛满水仍不能及时翻转。这就需要用酒精小心地清洗轴承和轴间空隙;如果发现轴承碎裂,要及时更换。

再次,要检查限位螺钉的位置是否改变,这时需要用量杯注入一定量的水观察翻斗的翻转情况,再查看限位螺丝升或降,并锁紧固定。

最后,还要观察雨量筒的水平泡是否处在水平面上,如果水平泡偏离中心,要及时调平。方法为调整底盘上的 3 个调平螺钉,使其水平泡停留在圆圈中心,然后再仔细将 3 个固定螺钉拧紧。

2. 雨量数据为零

该故障表现为收不到任何降雨数据。首先,要考虑干式舌簧管是否损坏。检查方法为:使用万用表配合磁铁进行测量,观察干式舌簧管两极是否存在开路。具体的检查操作:选择万用表的电阻 1 kΩ 挡位,用正负表笔测量干式舌簧管两端的导线,每翻动一次雨量翻斗,万用表的指针应可提示通断一次,如此说明干式舌簧管的工作状态为正常;如果指针万用表无提示或者处于常通状态,即可判断为干式舌簧管出现故障,要及时更换。

其次,考虑干式舌簧管插头是否脱落或者松动。线路老化或者线路开路都会出现雨量数据为零的情况,重新焊接线路或连接导线即可排除故障。

最后,考虑翻斗是否被卡住。有的自动雨量站上的干式舌簧管安装不到位,在夏季温度较高的情况下,管头部分会有轻微的变形,造成翻斗被卡。此时,要及时调整或者更换新的干式舌簧管。

3. 电源故障

自动雨量监测站的电源由太阳能板、太阳能充电控制器和 12 V、64 Ah 免维护密封铅酸电池组成,其工作原理为太阳能板将收集的光能转换为电能并通过控制电路储存到蓄电池中,在阴雨天或者夜间没有太阳光的情况下,以蓄电池储存的电能为设备供电。由于自动雨量监测站设置在野外,工作环境恶劣,特别是夏季,蓄电池的工作环境温度较高,这会加速蓄电池的老化,造成蓄电量下降。为此,首先需要检查蓄电池。检查时,用万用表 50 V 直流挡测量蓄电池的工作电压,如果低于 10 V,自动雨量监测站就无法正常工作,要及时更换蓄电池(检修时,在接上负载前用万用表所测量得到的电压值是虚浮电压,不是工作时的实际电压值,不能以此数据来判断充电功能的好坏)。

其次要检查太阳能板的充电电流是否正常,一般在晴朗天气下,白天 11:00~14:00 为充电电流的高峰期,其值在 1.8 A 左右;9:00~10:00 的充电电流在 0.8 A 左右;阴雨天的充电电流在 100 mA 左右。如果实测值低于这些数值,应考虑太阳能板充电板可能存在故障,要及时更换,否则不能保证为蓄电池正常供电。

4. 数据采集智能模块的损坏

数据采集模块负责雨量数据的转换储存,一旦出现故障,就会导致不能正常接收、储存降雨信息的情况。数据采集智能模块损坏一般有以下 2 种情况:

(1) 软件故障。原因是短时间内接收到大量的降雨数据,导致软件瘫痪。这种情况下,重新启动机器即可恢复正常。

(2) 硬件故障。如发现智能模块损坏,应仔细查看线路板,有时能看到明显的电气元件烧毁痕迹,或者能闻到焦煳味,这时要及时进行更换。

4.1.3　自动雨量监测站的维护

1. 雨量筒的维护

要定期清理雨量筒滤网,清洗雨量翻斗,检查各个单元的连接导线,及时更换锈蚀和接触不良的信号导线。

要注意雨量筒场地附近建筑物、树木等障碍物的变化,要求雨量筒离障碍边缘的距离至少为障碍物高度的 2 倍,以保证在降水倾斜下降时,四周地形或物体不至影响降水落入观测仪器内。如不满足条件,需清除附近过高的树木和灌木,或变更建设地点。

2. 蓄电池的维护

至少每半年进行一次循环充放电,即用 $0.1 \times C$(C 为电池容量安时数,比如 24 Ah 的电池,放电电流为 2.4 A)的放电电流对电池放电,当放到电压为 10.8 V 时停止放电;接着用 $0.1 \times C$ 的充电电流对电池充电,同时,保持电源室和蓄电池本身的清洁。安装好的蓄电池极柱应涂上凡士林,防止腐蚀。定期清理太阳能板上的灰尘和杂物,以保证充电可靠。

3. RTU 远传维护

向自动雨量监测站的雨量筒中倒入一定量的水,以听到雨量筒翻斗翻动声音为一次,如采用的是 0.5 mm 的精度,即为 0.5 mm 降雨。多翻几次,查看 RTU 显示的数据,记录发送完成的时间,并对比中心平台接收到数据的时间。

4. 定期进行雨量校准

用 50 mL 量杯(有 MC 标记)向承水口内分别注入 15.7 mL 和 31.40 mL 清水,看翻斗是否翻转、有无信号输出、限位螺钉位置(基点)是否改变。若基点改变,应重新调整基点。调整方法为,用 50 mL 量筒分别注入 15.2 mL、31.0 mL 清水,若翻斗不翻,应向上拧限位螺钉,减小翻斗翻转角度;若加水不到 15.2 mL、31.0 mL 就提前翻动,说明翻斗翻转角度偏小,应降低限位螺钉高度,即让限位螺钉下降。反复试调几次,最后将锁紧螺母销紧,这样可以确保雨量测量的精度。

4.2　自动水位监测站

4.2.1　站点建设要求

自动水位监测站点应设置在岸边顺直、水位代表性好、不易淤积、主流不易改道的位置。浮子水位计的浮子应避开放水涵、放水闸等水工建筑物泄流的紊流区,避免浮子与平衡锤间钢绳缠绕导致仪器失效。当受条件限制,井管只能依附于放水涵闸无法回避涵紊流区时,井管底部应改为 L 形连通管,以让水平进水管口避开泄流的紊流区。

在每个自动水位监测站点增设水尺桩或直读式水尺,以便现场直观观测水位,并在水尺桩附近设置校核水准点 2 个。仪器集成室内(空间)的仪器、仪表应布局简洁、布线规范,既要便于运行维护,又要有序美观。仪器保护箱必须满足防锈要求,并标注"安徽省水情自动测报"字样。安装集成要杜绝斜线、空中悬线、地面铺线、裸露接线等情况。站点建成后要有防破坏、防攀爬、防溺水等警示标志及措施。自动水位监测站点的建设形式依据现场情况的不同而因地制宜,主要有标准井式自动水位监测站、傍物固定式(依附式)自动水位监测站、自固定式(简易岛式)自动水位监测站和雷达式自动水位监测站。

1. **标准井式自动水位监测站**

现场无依附条件的站点,可建设标准井式自动水位监测站。标准井式自动水位站分为带栈桥(图4.2.1)和不带栈桥(图4.2.2)两种,主要建设内容包括标准水位井、仪器房、交通桥、防护栏、水尺桩以及水准点等。

图 4.2.1　标准井式(带栈桥)自动水位监测站

图 4.2.2　标准井式(标准岛式)自动水位监测站

2. 傍物固定式(依附式)自动水位监测站

依附式自动水位监测站是采用简易测井代替标准水位井的自动水位站,又称傍物固定式。如图 4.2.3 所示,现场有垂直可依附结构条件的,可以建设依附式自动水位监测站。

图 4.2.3　依附式自动水位监测站

3. 自固定式(简易岛式)自动水位监测站

如图 4.2.4 所示,现场无垂直可依附结构条件的,可以建设简易岛式自动水位监测站。简易岛式自动水位站适用于不易受冰凌、船只及漂浮物撞击的河道、湖泊和水库。

图 4.2.4　简易岛式自动水位监测站

4. 雷达式自动水位监测站

如图4.2.5所示,现场施工困难的,可以选择建设雷达式自动水位监测站。

图 4.2.5　雷达式自动水位监测站

4.2.2　常见故障问题分析和处理

1. 浮子水位站无水位数据

故障描述:基层防汛监测预警平台发现某个监测站水位数据延时严重,很久没有刷新水位数据,同时遥测站其他数据正常。查看监测站近期的水位、雨量、电压数据,发现基层防汛监测预警平台收到的数据没有水位信息,其他数据都正常。

故障可能:RTU出现故障,导致无法采集水位;浮子水位计或水位计适配器出现故障,无法响应数据采集器。

2. 水位监测站水位上传的数据紊乱

故障描述:在基层防汛监测预警平台发现某个监测站上传的水位数据刷新时间正常,但数据紊乱,明显错误,过程线呈直线或锯齿状。查看该监测站近期的水位、雨量、电压数据,发现基层防汛监测预警平台收到的数据确实如过程线所示出现紊乱,其他数据都正常。

故障可能:浮子水位计出现故障,输出数据乱码;浮子水位计与适配器连接出现故障。

故障处理:需要携带RTU、水位计适配器、水位计、水位计数据连接线,在现场逐项进行更换测试,直至找出故障点,更换故障点设备。

3. 水位监测站水位数据无变化

故障描述:浮子水位计水位数据无变化,可能是浮子被卡住或水位井输水管淤塞,导致水位无变化。如果是压阻水位计数据无变化,可能是探头或线缆损坏,注意在安装新的压阻水位计前需要重新设置传输速率及网络 IP 地址。

4. 雷达(超声波)水位监测站水位数据延时或者数据显示为一条直线

故障描述:基层防汛监测预警平台发现雷达(超声波)水位延时严重,很久没有水位数据刷新,同时遥测站其他数据正常。查看测站近期来的水位、雨量、电压数据,发现基层防汛监测预警平台收到的数据超过阈值。若如此,则说明雷达(超声波)水位计探测区域水面有杂物,影响了回波反射或水位计歪斜导致无法收到回波。

若中心站收到的数据正常,但自某时刻后一直未变,为一条直线,则说明雷达(超声波)水位计可能出现故障,监测站只发/送了最后收到的数据。

5. 短信或 GPRS 遥测站数据中断

故障描述:基层防汛监测预警平台发现监测站在某个时间点后没有发送过自报数据或超阈值数据,与此同时周边雨量监测站发来数据正常。在基层防汛监测预警平台查看监测站近期发来的电压数据,检查监测站电压是否正常,若不正常则处理电源部分;如电源正常,则用电话拨打遥测站号码,查看通信终端能否拨通,若能拨通则说明通信终端工作正常,为 RTU 故障;若无法拨通说明通信终端、天线或通信线缆故障。如果是卫星或超短报通信遥测站,只能部分范围判断故障,还需要现场检查以最终确认。

故障处理:需要携带电台、天馈线、RTU 等进行更换测试,直至找出故障点,更换故障点设备。

4.2.3　自动水位监测站的维护

1. 运行维护内容

(1) 对 RTU、水位计及雨量计设备加电、看护、除尘。

(2) 观察系统设备的运行状况、进行接口测试;如果采用浮子式水位计,则手动转动浮子式水位计码盘,记录转动码盘的时间,对照基层防汛监测预警平台接收到的时间。对于压力式、超声式、雷达式等设备需结合汛前数据,结合水位变化,对水位变幅进行抽查。

(3) RTU、水位计及雨量计的安装、测试、设置、硬件升级,备份数据文件。

(4) 定期对 PE 管或者自记井进行清淤。

(5) 更换电池等零部件,修复故障。

(6) 及时发现并处理其他影响设备正常运行的状况。

2. 运行维护标准

(1) 保证自动水位雨量站设施、设备完好。

(2) 保证雨量筒整洁干净、保持承雨口水平。

(3) 保证水位测井进水口没有淤泥杂草等堵塞。

（4）保证雨量计、水位计、RTU 以及供电系统等接口牢靠。

（5）保证蓄电池电压正常，RTU 运行状态良好，现场 RTU 采集雨量值加水位值应与基层防汛监测预警平台接收数据保持一致。

4.3　无线预警广播站

4.3.1　站点建设要求

无线预警广播是一种接收多种预警信号源并进行公开播放，并以驱动扬声器产生高分贝音源将预警信号传递给山洪灾害防治区群众的预警设备（图 4.3.1）。因其具有易于架设、功耗低、覆盖范围广、维护成本低等优点，被广泛应用于山洪灾害预警等领域。站点一般布设在山洪危险区、行蓄洪区、低洼易涝区、采煤塌陷区、有人居住的圩口等的乡（镇）、行政村及自然村。县级用户可通过基层防汛监测预警平台向无线预警广播发送短信。镇、村级可以发送信息、拨打电话等方式发布预警短信。无线预警广播将收到的短信、电话等以语音的形式直接播放。

图 4.3.1　无线预警广播站

原则上要求对重点防治区所有乡（镇）、行政村和重点沿河自然村配置无线预警广播设备，对一般防治区所有乡（镇）配置无线预警广播设备。人口集中的村

（组）以及院落可配置 I 型机；地势平坦、人口分散的村（组）宜配置 II 型机；公网不能完全覆盖以及偏远地区村（组）宜配置 II 型机。

　　设备安装选址时应确保设计预警范围内的居民都能听到音频信号，否则应考虑补充其他预警方式（图 4.3.2）。设备选型、确定音频输出功率、安装布局时应考虑下列因素：

图 4.3.2　不规范的无线预警广播站点建设案例

　　（1）山洪灾害防治区村（组）房屋分布。

　　（2）声压在降雨强度下的衰减。

　　（3）地形及地面建筑物、树木等对传声的影响。

　　（4）声压随传输距离的衰减。

　　（5）公网通信信号覆盖程度。

　　（6）干扰源对传声的影响。

　　安装完成后，应根据当地山洪灾害防御预案所确定的责任人及联系方式设定预警广播白名单。

　　无线预警广播的使用采用授权制。只有在授权名单（即白名单）上的号码才可以拨通使用，不在授权名单内的号码无法使用。各广播站点白名单由县级管理人员进行授权。

　　安徽省山洪灾害防治非工程措施项目建设配置的无线预警广播主要有两种设备，分别为深圳宏电的设备（H7760）（2010～2012 年）和国信华源的设备（GX-8011）（2013 年及以后）。其中深圳宏电的广播设备（H7760）的短信发送格式为"内容＋数字（数字为几遍）"，国信华源的广播设备（GX-801）的短信发送格式为"播报＊＊遍：内容"。

特别注意：这些无线预警广播系统不能断电，否则可能导致蓄电池故障，因此均配备了 UPS。

4.3.2　常见故障问题分析和处理

1. 系统不运行

故障现象：通过串口线连接个人电脑和 H7760 主站主机，给系统重新上电，但是，在打开的串口调试工具中没有系统运行的信息显示。

原因：首先要确保调试信息状态为"EN"，且主机外壳上"调试/放音"开关处于调试状态。若上述状态正常，应再检查串口线连接是否良好或连接头是否松动。若上述均没有问题，需致电设备供应商的技术支持部，寻求技术支持。

2. 不能批量添加号码

故障现象：现场人员依照说明书上介绍的短信指令格式，向 H7760 主站主机的授权池中一次添加多个号码时总是添加失败，而每次只添加一个号码，则可以添加成功。

原因：主要是发送的指令中号码之间的逗号格式不正确，其应该为半角符号，如用全角格式发送则会导致失败。

3. 向主站主机发送的预警短信无法被播放

故障现象：现场管理员通过手机向主站主机发送的告警短信不能被播放出来，且管理员发送告警短信所用的号码也是设备允许的 SIM 号码。

原因：首先确保主站主机的 DTU 模块外置天线和扬声器的接入线连接良好，且管理员的手机号码被正确配置到了管理池或授权池中。若上述均正常，再核实设备中的 SIM 卡是否欠费或本地的 GSM 网络是否正常。

4. 播放中不能插入对讲机声音

故障现象：当管理员正通过麦克风向 H7760 主站主机喊话时欲插入对讲机通话，但无法中断麦克风喊话转而播放对讲机通话。

原因：主站主机内置车载台不能同时工作在发射和接收状态，当麦克风喊话时，车载台是工作在发射状态的，故不能接收对讲机发射的信号，即不能插入对讲机声音。

5. 噪音过大

故障现象：当用手机或对讲机对主机喊话时，主站主机（或终端机）总是发射出刺耳的噪声。

原因：这是因为喊话者的位置离主站主机或（终端机）的外接扬声器太近。当手机（或对讲机）离设备的扬声器过近时，扬声器发出的声音会通过手机（或对讲机）又返回设备，当再通过设备的外接扬声器放出来时，就会产生啸叫声，即噪音。

6. 电源工作异常，蜂鸣器报警

故障现象：市电正常，开机以后 UPS 可输出 220 V 交流电，但处于电池逆变状态,蜂鸣器间歇鸣叫。

原因:连接 UPS 的电网馈电电路,包括各个节点、接插座等接触不良导致交流电源输入不畅通。

7. 烧保险或跳闸

故障现象:UPS 安装完毕后,合上电闸或者打开 UPS 的"POWER"键会烧断保险丝或跳闸。

原因:UPS 输入端的三线接错,如零线或者火线接到了 UPS 地线上;或者输出端的三线接错。

4.3.3　无线预警广播站的维护

首先,确定无线预警广播站点的位置是否发生了变化;有关设备是否完整;供电是否正常;相关的金属件,如螺丝、支架等是否出现锈蚀,是否固定牢固;相关标示、标志是否清楚、可辨识。

其次,对无线预警广播设备功能进行测试,主要测试短信、电话接入后设备是否能够及时、准确启动。一般采用现场发送手机短信、拨通电话的方式测试。

无线预警广播站点测试流程如下:

(1) 检测设备线路的连接是否完好,特别是电源、供电等是否正常。

(2) 对设备的型号进行核查,检查其与建设内容是否一致。

(3) 用手机拨通预警无线设备,进行现场通话测试,验证无线广播能否准确发音以及音量是否满足要求。用手机发送短信,验证短信内容是否能够正常播放。本项测试应尽可能由设备所在地人员完成。

4.4　简易雨量报警器

4.4.1　发展历程与技术现状

简易雨量报警器是在山洪灾害防御实际工作中创造出来的,并在实践中不断改进升级。早期配置的简易雨量观测器是根据区域内雨情的临界值或降雨强度,在承水器皿外划分警戒等级、标注明显的预警标志(图 4.4.1)。为方便观测,部分地区在简易雨量筒的底部加装了一根塑料管,可将雨量筒收集的雨量引到室内量测。这种做法的测量精度稍差,但足以满足山洪灾害预警的需要,尤其是在晚上、狂风暴雨等不便外出时监测雨量非常方便。

随着使用和不断总结改进,新技术不断被采用,简易雨量报警器得到进一步改进,尤其是增加了室内报警装置,具备了雨量实时监测、信息显示和多时段雨量声光报警功能。现有的简易雨量报警器由室外承雨器和室内报警器两部分组成。室外承雨器采用翻斗式雨量计来采集降雨,通过 200 mm 口径的承雨口收集雨水。室外承雨器采集到的雨量数据通过无线或有线传输发送至室内报警器。室内报警器具有雨量统计功能,通过微处理器分析和判断降雨数据,在达到临界雨量时以声、光、语音等多种方式报警,警告群众警惕可能暴发的山洪并开始组织转移。

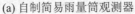

(a) 自制简易雨量筒观测器　　　　　(b) 简易雨量报警器

图 4.4.1　早期的简易雨量观测器(报警器)

伴随着物联网技术的发展,近年又出现了"一对多"的面向社区的山洪灾害雨量预警系统(图 4.4.2),可实现一处监测,多处入户报警。入户报警器具有接收从雨量监测站传来的实时雨量、显示和播报预警信息的功能,当雨量超过预设阈值时可通过声、光、数据显示三重形式及时向屋内居民发出预警。入户报警器采用家庭日用电子产品与报警器结合的亲民形态,并配备直流备用电源,供交流停电时使用。

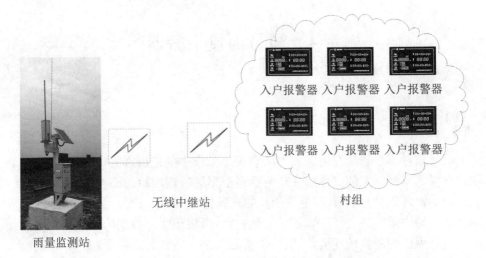

图 4.4.2　"一对多"入户报警器系统组成

相比原有的简易雨量报警器,"一对多"山洪灾害入户报警器以小流域为单元布设,近似获取社区、村(组)所在流域暴雨中心(上、中游)雨量,解决了以往设备只能获取村(组)所在地雨量的问题;实现单点对多点入户报警,解决了依靠人力去接力传递预警信号困难的问题;室内报警器结合家用电子产品(电子日历)的设计提高了群众保管的积极性,解决了原有设备因使用频次低而导致的保管和维护困难问题。

4.4.2　预警指标设置

临界雨量是指一个流域或区域可能发生山溪洪水致灾,即达到成灾水位时,降雨达到或超过的最小量级和强度。基本分析思路是根据成灾水位,采用比降雨面积法、曼宁公式法或水位流量关系法等,推算出成灾水位对应的流量,再根据设计暴雨洪水计算方法和典型暴雨时程分布,反算得到洪峰达到成灾流量的各个预警时段的降雨量。雨量预警指标包括时段及其对应雨量两个要素,具体表现为各个预警时段的临界雨量以及各预警时段的准备转移雨量和立即转移雨量。

各站点的预警指标一般在山洪灾害调查评价的过程中就应予以确定。

4.4.3　布设与安装

(1) 重点防治区内所有乡(镇)、行政村和自然村都应配置安装简易雨量(报警)器;一般防治区内所有乡(镇)和行政村均配置安装简易雨量(报警)器;在人员比较分散且受山洪威胁较大的自然村,可适当增加配置简易雨量(报警)器。

(2) 布设雨量站时应充分考虑地形因素,监测场地应避开强风区,不宜设在陡坡上或峡谷内,其周围应空旷平坦,不受突变地形、树木、建筑物以及烟尘等因素的影响。

(3) 布设站点时还要充分考虑通信、交通、运行、管理和维护等。

4.4.4　保管与维护

(1) 定期对仪器进行日常维护,及时清理室外承雨器筒内异物,避免树叶等杂物落入雨量器,影响观察精度;检查翻斗翻转是否灵活;检查雨量传感器与报警器之间的通信状态;及时更换电池,测试各项功能是否正常。

(2) 定期测试简易雨量(报警)器功能是否正常,检查雨量预警指标是否与预案数值一致。

(3) 监测员应熟练掌握雨量(报警)器的操作和使用方法,并将操作、使用说明张贴于室内报警器临近位置。

4.5　简易水位报警器

4.5.1　发展历程与技术现状

　　简易水位报警器(水位监测尺)是随着山洪灾害防治非工程措施项目建设而逐渐发展起来的,最初为简易水尺桩,可为木桩或混凝土桩;对于无建桩条件的监测站,选择在离河边较近的固定建筑物或岩石上标注水位刻度(图 4.5.1)。水位监测尺的刻度以方便监测员直接读数为设置原则,并根据各监测点实际情况标注预警水位。根据各监测点实际情况,用防水耐用油漆醒目标注:"警戒水位""转移水位""历史最高水位"等特征水位线或标志,这样既可观测水位,又可起到宣传和警示作用。

图 4.5.1　传统水位监测尺

　　2013 年以后,效仿简易雨量报警器,简易水位站也增加了报警功能,逐步形成简易水位报警器(图 4.5.2)。该设备应用于沿河村落河流(溪沟)控制断面附近水位监测报警,具有实时水位监测、预警水位(准备转移、立即转移)指标设定、报警以及报警数据查看等功能。当河流水位达到预警指标时,可通过声、光信号自动报警,同时通过有线或无线方式将预警信号传输至下游报警终端,并通过声、光同步报警。

4.5.2　预警指标设置

临界水位是水位预警的核心参数,指的是防灾对象上游具有代表性和指示性的地点的水位。在监测点达到该水位时,上游来水从水位代表性地点演进至下游沿河村落、集镇、城镇以及工矿企业和基础设施等预警对象所在控制断面处,便会增长至成灾水位,可能会造成山洪灾害。一般下游防护对象处成灾水位对应的上游监测站水位为立即转移水位。在具体操作中,会将立即转移水位值降低一定幅度,以确保有足够的时间做好转移疏散的准备,此水位即为准备转移水位。在安装与配置简易水位报警器时设置了 3 个预警指标,分别为"警戒线"——成灾水位－1 m、"准备转移线"——成灾水位－0.5 m、"立刻转移线"——成灾水位。

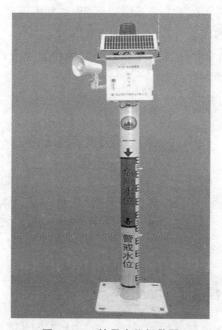

图 4.5.2　简易水位报警器

使用水位上涨速率预警指标可在一定程度上解决仅依靠水位监测进行预测而导致的预警时间不足的问题。实际使用中,可以通过量测水位上涨从警戒线上涨至准备转移线的时间代替上涨速率指标。

4.5.3　布设与安装

确定简易水位报警器布设地点时,应综合考虑预警时效、影响区域、控制范围等因素,尽量选择在山洪沟河道出口、山塘坝前、居民区、工矿企业以及学校等防护目标的上游。可沿河流沿线,每 10～20 km 布设一个。

为防范河道内涨水、水利设施溃坝、人员强行涉水过河等引起的危险情况,可将简易水位报警器置于河道近水空间、水库等蓄水建筑物排洪设施下游以及河道缩窄可能导致水位陡升的部位。

4.5.4　保管与维护

(1) 对仪器进行日常维护,定期检查简易水位报警器是否完好,简易水尺上的准备转移水位、立即转移水位等特征水位线以及其他标志是否清晰。

(2) 有报警装置的设备,应定期模拟水位上升来检查当水位达到预警指标时是否能及时报警。

(3) 汛前应检查简易水位报警器周边环境,如发现河流改道、堤防高度变化等会导致成灾水位变化的因素,应及时报告上级单位。

(4) 监测员应熟练掌握简易水位报警器的操作和使用方法,并将操作、使用说明卡张贴于室内报警器附近位置。

4.6　其他预警设备

其他预警设备包括手摇报警器、铜锣、鼓、高频口哨、手持扩音器、对讲机等,这些预警设备价格低、操作简便,在电力、通信中断的情况下,将成为传递预警信息的最后一道保障。

4.6.1　手摇报警器

手摇报警器可在无电源支持的场所有效传达报警信号。顺时针方向摇动手摇报警器手柄,可发出尖锐、穿透力强的声音。手摇报警器多为铝合金材质,声音传送距离大于 500 m,当转速达到初级转速(50～80 r/min)时,声强能达到 110 dB。因手摇报警器较重,为了方便使用,多以支架支撑(图 4.6.1)。

4.6.2　铜锣

铜锣(图 4.6.2)与手摇报警器类似,只需依靠人力就可以发出报警信号。用于山洪灾害预警的铜锣材质要求为铜锡合金(其中含锡量 10%～20%,其余为铜),直径不得小于 30 cm,质量不小于 2 kg,声音传输距离不小于 500 m

（空旷区域）。

图 4.6.1　手摇报警器实物图

图 4.6.2　铜锣实物参考图

第 5 章　典型山洪灾害防御案例

本章将对安徽省宁国市"2019.8.10"山洪灾害、黄山市"2013.6.30"山洪灾害两个典型事件进行介绍,并从《中国山洪灾害和防御实例研究与警示》[4]中选取了国内发生的部分典型的山洪灾害事件,详细阐述每场山洪灾害的雨水情、灾害成因、特点和防御过程等。在这些案例中,既有零伤亡的案例,也有死亡人数较多但防御手段发挥了效用的案例,较全面地反映了全国山洪灾害防御的现状,为安徽省未来山洪灾害防御工作提供了参考。

5.1　安徽省宁国市"2019.8.10"山洪灾害

宁国市地处皖东南山区丘陵地带,市域地形、地貌复杂,以丘陵山地为主,总体特征是南高北低;城区地处水阳江水系 3 条支流——东津河、中津河和西津河汇合的河谷盆地;四面环山,山丘地面积占全市土地总面积的 84.5%,为安徽省重点山区县(市)之一。2019 年 8 月 10 日,受台风"利奇马"的影响,宁国市遭遇了历史上最大的集中短时强降雨,多个乡(镇)暴发山洪泥石流,东津河流域出现历史最大洪水,造成了人员伤亡和重大财产损失(图 5.1.1)。当时,根据气象部门报道,受第 9 号台风"利奇马"影响,宁国市将遭遇特大暴雨,局部降雨超过 250 mm。此次台风灾害,宁国市平均降水量达到 210 mm,最大降水区域甲路镇石门降水量达 420 mm。水阳江上游东津河砂埠站、中东津河宁国站监测到超历史水位洪水。中心城区、沿东津河乡(镇)大面积上水,城区过水面积 12.1 km²,9 个乡(镇)、集镇被淹,房屋倒塌,道路、通信、电力中断,宁国市受灾人口 11.34 万人,紧急转移人口1.66 万人,撤离游客 1 万余人;因灾死亡 6 人,失联 2 人,直接经济损失达到 25.94亿元[16]。

5.1.1　雨情

2019 年 8 月 9~11 日,安徽省沿淮东部、大别山区、江南大部累计过程降雨量为 50~150 mm,其中江南东南局部降雨量为 150~250 mm,中心区域广德县牌坊站降雨量为 395 mm,耿村站降雨量为 385 mm,宁国市阳山站降雨量为 367 mm,石门站降雨量为 302 mm。全省累计降雨量大于 250 mm 的区域面积 1 442 km²;大于 100 mm 的区域面积 $1.76×10^4$ km²。水阳江宣城段以上流域最大 2 d 面降雨量为 212.6 mm,东津河河沥溪段以上最大 2 d 面降雨量为 241.1 mm。

(b)

(a)

图 5.1.1 安徽省宁国市"2019.8.10"山洪灾害

台风"利奇马"带来的降水强度巨大,暴雨中心在皖南山区的广德、宁国、绩溪等市(县)一带,附近多站、多时段暴雨强度创历史极值,重现期在百年以上。与历史资料或附近站点历史资料对比,上门、洪家塔、石河等雨量站最大 1 h、3 h、6 h 降雨量排历史首位;牌坊、耿村、茅田站等雨量站最大 12 h、24 h 降雨量均排历史首位。台风"利奇马"最大 12 h 降雨量频率分析见表 5.1.1。

表 5.1.1　台风"利奇马"主要站点最大 12 h 降雨量频率分析

市(县)	雨量站名	所在乡(镇)	最大 12 h 降雨量(mm)	历史排位	重现期(年)
广德县	牌坊	柏垫镇	250.5	1	80
绩溪县	水浪头	家朋乡	237.5	2	40
广德县	耿村	柏垫镇	237.5	1	>100
广德县	茅田	柏垫镇	234.5	1	60
广德县	水保试验站	桃州镇	231.0	1	>100
宁国市	刘家坞	梅林镇	227.5	1	100
宁国市	溪桥水库	中溪镇	227.0	1	>100
广德县	梓冲水库	柏垫镇	222.0	1	>100
广德县	焦村	四合乡	215.0	1	>100
广德县	接龙桥	柏垫镇	209.5	1	>100

5.1.2　水情

本轮降雨主要集中在水阳江流域,降雨时段主要集中在 2019 年 8 月 9 日下午至 10 日晚。受强降雨影响,水阳江上游东津河砂埠水文站、宁国水文站发生超历史记录洪水位;河沥溪站、宣城站、新河庄站发生超过保证水位洪水;郎川河上游卢村水库超历史最高水位。

东津河砂埠站水位于 2019 年 8 月 10 日 12 时 20 分自 58.20 m 处起涨,于 8 月 11 日 1 时涨至洪峰水位(64.87 m),超过历史最高水位 0.07 m。河沥溪站水位 8 月 11 日 3 时 15 分涨至洪峰水位(53.86 m),超过保证水位 1.33 m,处有史以来第 4 位,但若以宁国水文站实测洪峰流量为准,从一致性考虑,即撇开河道治理因素,按照原有工况推算,此次河沥溪站水位排列历史水位第 1 位。宁国水文站自 2019 年 8 月 10 日 8 时从水位 42.10 m 起涨,8 月 11 日 3 时 25 分涨至洪峰水位 49.87 m,涨幅达 7.77 m,相应流量 3 820 m³/s。

水阳江下游宣城水文站自 2019 年 8 月 10 日 17 时 30 分从水位 10.01 m 起涨,8 月 11 日 14 时 34 分涨至洪峰水位 17.38 m,超过保证水位 0.88 m,相应流量 3 400 m³/s。新河庄水文站自 2019 年 8 月 10 日 19 时 20 分从水位 9.68 m 起涨,11 日 19 时 50 分涨至洪峰水位 12.85 m,超过保证水位 0.35 m,相应流量 1 870 m³/s。

为控制洪水,港口湾水库适时拦蓄错峰,本次洪水港口湾水库最大入库流量近 2 220 m³/s,最大出库流量 164 m³/s,削峰率超 90%,降低了宣城水文站水位约 1.00 m。双桥闸、马山埠闸适时调度,降低新河庄水文站水位 0.75 m,综合考虑港口湾水库调度因素,共降低新河庄水文站水位 1.20 m。

5.1.3　灾情

　　此次台风"利奇马"暴雨洪水致使宣城市的宁国市、广德市等 7 县(市、区)不同程度受灾,据不完全统计,直接经济损失达 33.4 亿元,其中宁国市直接经济损失 25.94 亿元。此次台风受灾人口达 13.18 万人,6 人死亡,2 人失联(其中宁国市 5 人死亡,2 人失联,绩溪市 1 人死亡);农作物受灾面积 0.597×10^4 km²;倒塌房屋 364 间,严重损坏房屋 113 间,一般损坏房屋 326 间;共有 3 020 处水利设施发生水毁;部分乡镇交通、电力、通信、供水中断。

　　值得庆幸的是,由于研判及时、调度精准,进水最严重的河沥溪街道坞村塔敬老院,得以紧急转移失能老人 160 余名,这些老人均行动不便、生活难以自理,如果没有及时转移,后果将不堪设想。

5.1.4　防御过程

　　2019 年 8 月 9 日,根据气象部门信息,宁国市将遭遇特大暴雨,局部降雨超过 250 mm,宁国市立即召开了防御第 9 号台风工作会议,对防台风工作进行了全面动员部署。要求各乡(镇、街道)及市防指成员单位均在 2019 年 8 月 9 日 19 时前召开专题会议,部署防台风工作,连夜对全市水库、大塘、山洪易发区、地质灾害点等重点部位开展拉网式排查;要求所有水库水位降至汛限水位以下,有条件的水库可以腾空库容;组织山洪易发区、地质灾害点等重点区域人员进行转移避险。全市所有市级领导均要在 8 月 10 日上午赶赴各地现场指挥,一线督战。

　　8 月 10 日上午,全体市领导、防指成员赶赴联系乡(镇、街道),开展防汛防台风督查指导;工程技术管理人员深入工程和隐患点逐一排查;气象部门每小时发布一次气象信息,提醒广大市民加强防范。

　　8 月 10 日 14 时,根据水文部门洪水预警信息,启动防汛防台风Ⅲ级应急响应。市委、市政府主要领导、分管领导到防指现场办公,根据台风动向和雨情、汛情、灾情,统筹调度防汛抢险力量,指挥各地抢险救灾。

　　8 月 10 日 18 时 12 分和 18 时 23 分,安徽省水利厅领导 2 次来电,要求宁国市按照 1996 年"6.30"洪水防御标准,按照山洪灾害调查评价制定的路线范围,立即转移群众(1996 年 6 月 30 日,原宁国县暴发解放以来最严重的洪涝灾害,城区降水 124.9 mm,宁墩镇降水 240 mm,西津河胡乐水文站超警戒水位 4.4 m,城区西津河洪峰流量 3 880 m³/s,城区普遍进水 2 m,房屋倒塌 6 700 间,死亡 12 人,直接经济损失 11.2 亿元)。灾后调查发现,洪水淹没范围与调查评价预判完全一致。

　　8 月 10 日 19 时,根据安徽省、宣城市防指指令,召开应急抢险现场调度会,启动应急预案,转移受灾人员。

8月10日20时,下发转移命令,对城区范围内危险地带所有人员实施转移安置。

8月10日23时30分,启动防汛防台风Ⅱ级应急响应。

灾后,宣城市委、市政府按照"每日一调度"的工作要求,每天17时汇总当日抢险救灾情况,19时召开专题调度会议,做到事不过夜。

资料来源

安徽省水利厅.关于台风"利奇马"暴雨洪水防御工作情况的报告[R].

宁国市人民政府.在全省山洪灾害防御工作座谈培训会议上的发言[R].

5.1.5　案例分析

由于特殊的地理环境,安徽省宁国市是山洪灾害易发区之一,近几年山洪灾害发生较为频繁。宁国市此次对山洪灾害的防御工作是一次较为成功的案例,提前安排部署,及时发布预警信息,组织转移了1.66万人,避免了更大的人员伤亡和财产损失。此次防御工作的启示如下:

1. 山洪灾害防御,压实责任是关键

强降雨发生前,宁国市召开全市防御第9号台风工作会议。各乡(镇、街道)及市防指成员单位均在8月9日19时前召开了专题会议,部署防台风工作。降雨发生后,全市所有市级领导均赶赴各地现场指挥,一线督战,随着雨情扩大、险情加重,部分乡(镇)与市防指失去联系,但由于有市级领导的一线调度指挥,为各地组织自救,转移人民群众提供了坚强保证。

2. 山洪灾害防御,物资充足是保障

早在2000年,宁国市就建设了县级救灾物资储备库。2018年,根据救灾工作需要,新建了使用面积300 m²的救灾物资储备库,各乡(镇、街道)均设置了救灾物资储备室。同时,按照"政府储备为主、社会储备为辅"的工作思路,从2012年起,就建立了救灾物资代储制度,与多家大型商场、超市签订生活类救灾物资代储协议,形成"纵向衔接、横向支撑、规模合理"的救灾物资储备网络;在台风灾害发生次日,即向灾区调拨了1 000箱方便面、80箱饼干、2 480件饮用水、200袋大米等救灾物资,有力保障了受灾群众基本生活,做到了准备充足、反应迅速、发放有序。

3. 山洪灾害防御,抢险救灾是根本

面对百年一遇的灾情,在宁国市防指的部署下,迅速组织公安、消防、专业救援队、民兵、预备役和镇村干部等力量,通过技术手段和专业设施,开展全方位、地毯式、无盲区排查搜救。截至8月15日,全市共发动救援人员1.8万余人次,出动抢险救援设备2 500余台(套),营救被困群众630余人。组织开展了"风雨同舟与爱同行"抗灾救灾募捐活动,广泛发动社会各界人士捐款捐物,共接收社会捐款1.27

亿元、捐赠物资价值约 1 057 万元,极大缓解了应急救援物资和灾后恢复重建资金压力。救援安置期间,分项分类建立了受灾群众需求台账,精准发放救助款、物,全力做好受灾群众生活救助。成立了灾后防病工作领导小组,组织专业队伍,分赴灾区开展环境消杀、饮用水消毒检测、医疗救治等工作,确保了"大灾之后无大疫"。

4. 山洪灾害防御,"技防"是基础

宁国市山洪调查评价工作于 2018 年完成,依据两岸居住地房屋基础高程以及两岸河堤的工况,得出东津河宁国市城区段成灾流量为 2 200 m³/s 的结论,这个阈值的确定正是本次洪水成功预警的重要前提。继全国山洪灾害调查评价之后,安徽省把洪水调查影响评价工作常态化,延续山洪调查评价技术路线,并强化了与中、小河流水文监测系统建设站点的对接,拓展原有工作内涵,通过调查评价建立水文站点(预警源)与预警河段两岸居住区(预警对象)的关联,来确定防汛特征水位。

5. 暴露的问题

一是监测能力不足,与 200908 号台风"莫拉克"比较,现有站点密度虽然大幅提升,但是很明显深山区站点密度不足,因为受天目山山脉地势影响,气流抬升运动显著,降水空间分布极度不均,宁墩河上游梅村实测降雨量为 260 mm,而距离该站上游不到 10 km,接近分水岭的地方调查降雨量却达到 406 mm。同时,总结认为在信息传输保障方面存在短板,如 2019 年 8 月 10 日 16 时后曾出现公网中断情况,部分地区一度失联。后期山洪非工程措施站点首先应该着重考虑山区河流流速大、监测设施安全稳定要求高的实际,对水毁站点提高标准重建恢复;同时增加站点,弥补监测空白;还要推进雷达测雨技术应用和卫星传输备用信道建设。

二是人类扰动过度。天目山山脉是我国重要的山核桃产区,种植山核桃经济效益显著,百姓积极性高。但是成片种植山核桃会在栽种阶段把原有灌木全部砍伐,让留下的大树桩自然腐烂(遗留树根虽尚有固土功能,但随着自然腐烂会逐渐衰减),果树成熟后,在每年的白露前开始采集。为了方便采集,以前是割除树下灌木,但灌木根依存,尚有固土保水作用,而现在的果农会喷洒除草剂,导致核桃树下寸草不生,遇暴雨会加大发生山体滑坡的概率。调查表明,本次灾害发生山体滑坡导致次生灾害的几处地点基本上都存在坡地无序开发的问题。

5.2　安徽省黄山市"2013.6.30"山洪灾害

5.2.1　雨情

2013 年 6 月 30 日 5 时起,安徽省黄山市周边地区开始普降暴雨和大暴雨,暴雨中心位于黄山市徽州区丰乐水库上游,并漫延至歙县以及宣城市旌德县、绩溪县一带,徽州区富溪雨量站 210 mm、杨村雨量站 189 mm、洽舍雨量站 177 mm,旌德县江村雨量站 190 mm。雨量超过 50 mm 面积为 $0.90×10^4$ km^2,超过 100 mm 降雨区域面积为 $0.24×10^4$ km^2。暴雨中心丰乐水库上游富溪、杨村雨量站最大 1 h 降雨量分别达 92 mm 和 93 mm(图 5.2.1),中心点富溪雨量站最大 3 h 和 6 h 降雨量分别达 173 mm 和 207 mm,均超百年一遇[17]。

5.2.2　水情

经过调查,2013 年 6 月 30 日,东坑口(流域面积 85.8 km^2)、篁村(流域面积17.9 km^2)、桃源村(流域面积 20.2 km^2)及呈坎镇(流域面积 26.1 km^2)河道断面洪峰流量分别为 677 m^3/s,201 m^3/s,234 m^3/s 和 244 m^3/s,洪峰模数分别为 7.89 $m^3/(s·km^2)$,11.2 $m^3/(s·km^2)$,11.6 $m^3/(s·km^2)$ 以及9.35 $m^3/(s·km^2)$,经与《黄山市水文手册》比较,判断此次洪水典型断面洪峰流量超过百年一遇。

暴雨中心下游丰乐水库 2013 年 6 月 30 日 13 时 5 分出现最高水位 205.95 m,超汛限水位 4.95 m,经反推计算,最大入库洪峰流量为 1 450 m^3/s,仅小于 1991 年7 月 7 日的洪峰流量(1 600 m^3/s),为建库以来第 2 位。受丰乐水库泄洪和降雨的共同影响,练江渔梁水文站水位快速上涨,30 日 14 时水位为 114.63 m,超过警戒水位 0.13 m;18 时 6 分出现洪峰水位为 115.89 m,超过警戒水位 1.39 m,相应流量为 3 000 m^3/s。

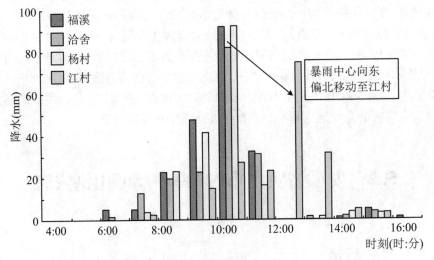

图 5.2.1　安徽省黄山市"2013.6.30"洪水典型站点最大 1 h 降雨量

5.2.3　灾情

受短历时强降雨影响,杨村乡、洽舍乡、富溪乡、呈坎镇等乡(镇)出现山体滑坡、道路塌方、堤坝桥梁冲毁、部分房屋倒塌、部分村庄进水等重大灾情,共造成 5 人死亡,因灾转移 12 000 余人,呈坎景区 300 余名游客被妥善安置。呈坎镇呈坎村沿河护岸损毁严重,公路多处路面下被水淘空,一座新建的碣坝上游护坝被冲毁,洪水高于路面 50 cm,河岸边农田过水,庄稼倒伏。沿着川河河道近 1 km 的呈坎镇街道,普遍受淹 1 m 以上。始建于明嘉靖年间(约 1542 年),有 400 多年历史的古代建筑宝纶阁被淹没近 2 m,村落一片狼藉。

容溪村小容组居民主要居住在小容溪上游源头,地势陡峭,坡度大多超 60°,很多房屋建在山坳两边,部分房屋为跨溪建筑,阻水严重。沿溪两岸护岸被冲毁严重,多处河道被砂石淤积。沿河公路大部分临水侧被水淘空,形成悬空"栈道";沿溪多处房屋被山洪泥石流冲毁,位于小容溪上游源头的大部分房屋被泥石流带来的石块和泥砂淹没,有些被掩埋至屋顶,仅露出马头墙(图 5.2.2)。村落地处河流源头,只有极小的集水面积(两个山坳坡面),一般情况下没有太大的地表径流(这也是此村落长期存在的原因),村头有宽约 1 m 的小溪,到了村尾就以暗道方式过水。但是此次雨强、水大,山坳发生山体滑坡,几百年老树顺坡而下,水流裹挟石头、树木、泥土贯村而过,破坏力极大,人员若非及时撤离,绝无生还可能。此村落受降水影响,山上多处尚留有明显隙缝,存在滑坡隐患。

图 5.2.2　安徽省黄山市"2013.6.30"山洪灾害容溪村沿途损毁房屋

桃源河小流域沿线的杨村乡篁村受灾最重,沿河两岸护岸几乎全部受损,公路路面下大半被水淘空,沿岸房屋绝大部分进水,篁村村委会4层大楼等几处建在山洪沟口(山村地基紧张)的房屋一层完全被顺沟下来的山洪泥石流淹埋(图5.2.3)。据村民介绍,6月30日7时开始下雨,9~10时雨量最大(和雨量遥测数据较为一致),山洪泥石流过程约2 h,水的涨落速度很快,6月30日9时水涨上路面,11时左右洪峰退去。泥石流发生在河流洪峰到来之前,为了躲避洪水,部分居民向后山转移,但因后山山体滑坡,猝不及防遇难。

图5.2.3　安徽省黄山市"2013.6.30"山洪灾害篁村灾情

5.2.4　成灾原因

5.2.4.1　客观原因

1. 自然灾害的不可抗拒性是导致重大灾害的主要原因

暴雨中心区域2013年6月23日以来持续降水,土壤饱和,超强度降水超越地貌稳定极限,山体滑坡多发、重发。

2. 突发性强,避灾不及

此次山洪灾害虽然河道洪峰一般在11时左右出现,但是山体滑坡多数是在雨强最大的时候(9~10时)发生的,灾情在坡地产流环节就出现了,这导致避险准备时间严重不足。

3. 地貌陡峭,风险极高

灾情特别典型的容溪村,山坳形成的闭合流域的面积坡度达2 269 dm/km²,

但在这里高密度居住 500 多人。

4．下垫面物理特征抗灾能力弱

下垫面土壤的物理特征为容易承接雨水,其表土是砂砾,中下层是分化岩石,松散没有黏性,透水性又极好,容易发生山体滑坡、泥石流等灾害。

5.2.4.2　主观原因

1．削坡潜伏隐患

村落所属地域坡度陡,宅基地紧张,房舍基本是靠山建设,属于屋后切坡、房前填筑的山区典型建筑方式,跨出门槛即可见前屋顶瓦;或是建房选址不当,在拗口处建设,一旦发生泥石流,即被荡平。

2．居住地临近的山坡植被相对较差,扰动频繁

山坡地表主要为茶园、菜园、坡耕地等,容溪村现遗留的隐患裂隙就位于耕作中的红薯地里。

3．山区侵占河道甚至跨河道建房的现象突出

该地多处设置便桥堰埧,导致堵水、阻水情况严重。呈坎镇因旅游景观需要,在 1 km 范围内建了 6 处拦水坝,不同程度地抬高了水位(图 5.2.4)。

图 5.2.4　安徽省黄山市"2013.6.30"山洪灾害被冲毁桥梁

4．避险意识淡薄

此次灾害伤亡大部分是因为暴雨期间避灾意识不强,劝离未果导致的;还有的是在屋前、屋后清障时被山洪、泥石流卷走的,当事人明显对风险缺乏判断。

黄山市这次山洪泥石流灾害发生在 2013 年 6 月 30 日 9 时多,多伴随强降雨一起发生。当时有老人听到山上异响,凭直觉预感危机在即,通知了村干部(此时通信还未中断)。村干部组织大多数村民向山上疏散转移,生死时速,居民转移数

分钟后,泥石流就冲毁房屋,但还是有 2 人不幸遇难。该村一位 90 多岁老人称:从未见过这么大的洪水。

资料来源

胡余忠,章彩霞,张克浅,等.安徽省黄山市"2013.6.30"洪水致灾原因及防治思考[J].中国防汛抗旱,2013,23(5):14-15.

5.2.5　案例分析

黄山市"2013.6.30"山洪灾害说明:山丘区强降雨导致的山洪灾害不是独立存在的,溪河洪水、泥石流、滑坡等多种灾害并发,各种类型的灾害相互叠加,往往都是房前洪水暴涨,背后山体滑坡。此时唯一的逃生方法就是上楼往高处躲避,如果房屋质量不好,人员伤亡在所难免。对于此类隐患点,应提高建设标准和框架结构标准,提升避险能力,有条件的地方应重新选址建房。

从这次典型突发性山洪灾害防御的经验来看,让群众了解防范和避险常识,增强防范和避险意识,是成功避险的关键。这次洪水淹没的村落,应在路边醒目的地方,建立永久警示碑,刻画洪水标高线。村落的山洪灾害防御预案应着重细化人员安全撤离方案,找准高危区域,以简单实用为原则。有关部门应尽快排查山体滑坡隐患,确定高危区域;对悬空路面实施交通管制,对人口密度大的集中村落应该加强撇洪沟等工程措施建设。此次山洪灾害,房前洪水暴涨,背后山体滑坡,如房屋牢固,就可以到高层躲避,故对此类民房建设,宜提高基础与框架结构的建设标准,提升避险能力,有条件的应直接选址重建。以法律、乡规、民约为约束体系,消除随意跨河建房、建便桥的现象。村民自建的小桥,桥墩间距小,洪水期间极易拦阻漂浮物,堵水、阻水、束水严重。这些问题在发生一般洪水时并不突出,但如遇到短历时、强降雨天气,势必严重影响洪水下泄,急剧抬升河道水位,加重灾害程度。

5.3　黑龙江省沙兰镇"2005.6.10"山洪灾害

2005 年 6 月 10 日下午 2 时许,黑龙江省宁安市沙兰镇沙兰河上游局部地区突降两百年一遇的特大暴雨。这次暴雨降水强度大、历时短、雨量集中、成灾快,平均降雨量为 123.2 mm,最大点降雨量为 200 mm,引发特大山洪(图 5.3.1)。河水漫堤淹没了沙兰镇中心小学和大量民房,受灾最严重的是沙兰镇中心小学,校区最大水深超过 2 m,当时正有 351 名学生上课,因而造成了重大人员伤亡(其中小学生死亡 105 人），经济损失达到 2 亿元以上[18]。

　　沙兰河沙兰镇以上河长 25.8 km，流域集水面积 115 km²，地形西北高，东南低，最高点为 805 m，最低点为沙兰镇，地面高程 300 m。流域内有沙兰镇和 5 个自然村屯。和盛水库至沙兰镇区间流域面积为 70 km²，呈狭长形，长约 14 km，宽约 5 km。和盛水库为一座小（Ⅰ）型水库，库容为 580×10⁴ m³，集水面积为 45 km²。和盛水库至沙兰镇的河道平均比降为 6‰，落差为 84 m。

(a)

(b)

图 5.3.1　黑龙江省沙兰镇"2005.6.10"山洪灾害

5.3.1　雨情

流域内降雨从 2005 年 6 月 10 日 12 时 50 分开始,至 15 时结束,最大降雨区王家屯降雨量为 200 mm,平均降雨强度为 41 mm/h,最大点降雨强度为 120 mm/h,流域平均降雨量为 123.2 mm,是沙兰河流域多年平均 6 月份降雨总量(和盛水库为 92.2 mm)的 1.34 倍。

选取沙兰河流域周边有长时间序列雨量资料的团山子雨量站、七峰雨量站、长汀子雨量站、石河雨量站、金坑雨量站、石头雨量站和宁安雨量站的资料,根据暴雨系列资料排频,计算 3 h 的频率 $P=1\%$,$P=0.5\%$ 和 $P=0.33\%$ 的设计暴雨值,再点绘 3 h 设计暴雨频率等值线图进行分析,判断沙兰河流域"2005.6.10"暴雨量值位于 3 h 的频率 $P=0.5\%$ 设计暴雨等值线范围内,确定形成这次洪水的暴雨重现期为 200 年。

5.3.2　水情

2006 年 6 月 10 日 14 时 15 分,洪水袭击沙兰镇,15 时 20 分达到最高水位,16 时洪水基本退去。沙兰镇中心小学洪水水深达 2.2 m。推算形成这次洪水的暴雨重现期为 200 年,洪峰流量为 850 m^3/s,洪水总量为 900×10^4 m^3。

5.3.3　灾情

据不完全统计,这场特大山洪造成沙兰镇及其所属的 7 个村屯 3 600 户 13 800 多人受灾,因灾死亡 117 人,其中小学生 105 人,村民 12 人,严重受灾户 982 人,受灾居民 4 164 人,倒塌房屋 324 间,损毁房屋 1 152 间,被毁农田 5 700 ha,占全镇耕地表面积的 48%。

5.3.4　防御过程

1. 成立指挥机构

灾情发生当天,当地政府立即在沙兰镇成立了抢险救灾指挥部,成立了指挥部办公室、部队协调组、清淤救助组、汛情监测组、交通治安组、信访稳定组、灾区捐助组等,组长全部由市级领导担任,并在指挥部办公室内部设立了综合组、调度组、信息统计组、工作督查组和内勤管理组。

2. 开展搜救工作

当日赶到现场的市、县两级领导,就近组织机关干部、教师、部队官兵、公安民警等 2 000 多人,船只 20 多艘,车辆 20 多台,进行紧急营救。紧急调集牡丹江军分区、武警、森林警察、消防及驻军总计 1 000 名官兵,于 6 月 11 日凌晨 3 时 30 分全部赶到沙兰镇,沿学校周围及河流下游等重点区域,开展搜救工作,并在牡丹江流域设立了 5 个哨所,全天观察和搜救失踪人员。

3. 开展灾后清淤

按照先清淤后消毒的原则,从全市抽调 198 台机器设备,投放人力 2.2 万人次,开展大面积清淤工作,出动 4 台翻斗车,寻找溺死动物。截至 6 月 16 日,累计清淤 8.4×10^4 m³,挖砂 1 500 m³,修复主干道路 1 700 m。共派出防疫人员 364 人次,出动车辆 52 台次,投放消毒药品 74 箱,价值 13 万元。

4. 恢复群众生活

2 名市级领导挂帅,抽调专门力量,及时协调有关部门,从宁安市和牡丹江市调集 5 台消防车为灾民供水。沙兰镇 6 月 13 日全部恢复供电和通信,15 日全镇恢复供水。至 6 月 16 日,共向灾民发放帐篷 154 顶、食品 72 000 份、衣物 10 500 件、棉被 4 340 条、救济粮食 37 900 kg、矿泉水 6 900 箱、洗漱用品 800套、豆油 4 400 kg,还有饮料、牛奶、蔬菜、牙具等物品。

5.3.5　经验教训

1. 灾害风险意识不强

沙兰镇中心小学紧挨着沙兰河,建在了该镇地势最低洼的地方,属于易受淹的高风险区。历史上沙兰镇很少发洪水,即使发生了洪水,漫溢出槽的洪水也只有几十厘米的水深。这次在沙兰镇中心小学,洪水水深达到 2.2 m。因为历史上没有发生过严重的山洪灾害,沙兰镇一直未被列为山洪灾害重点防治对象。

2. 学校选址不当

沙兰镇中学灾前已迁到了离镇 8 km 的高岗上,而中心小学由于资金筹集比较困难,加之学校地处镇中心,教师上班和学生就学都比较方便,群众不愿意迁移,致使迁移计划没有落实。2002 年黑龙江省拨款 74 万元,地方筹资 30 万元,对学校进行了翻修,但没有垫高房基;2003 年完成校舍的危房改造,并通过了牡丹江市规范化合格小学的验收。如果学校选址能避开高风险区,或者 2003 年重建时能将地基垫高 1 m,则小学生遭遇洪水的风险就可大为降低。因此对于弱势群体集中的建筑,一定要尽力回避高风险因素。有条件的,应尽可能迁出高风险区;没有条件迁出高风险区的,也应设法将建筑基础垫高。

3. 未能迅速及时发出预报警报

从 6 月 10 日 12 时 50 分开始降暴雨,在 13 时 45 分形成山洪时就有人打电话向下游报警,然而镇政府未能及时做出反应。沙兰镇中心小学幸存的孩子中,有些就是家长在 14 时前后得到消息,赶在山洪进校前一步,将孩子接出了校园而得救的。沙兰镇 14 时 44 分向宁安市报警时街面水深才没小腿,15 时 20 分学校就受淹达到最高水位,除去核实情况的时间,至少有 30 min 的有效时间可组织学生避险转移。

4. 未能及时清除阻水漂浮物

这次洪水过程中有两座桥梁被上游洪水冲下来的杂木、秸秆、垃圾严重堵塞。沙兰镇中心小学附近 1 号桥为平板桥,共 5 孔,每孔宽 8 m,共宽 40 m,最大过水能力为 250 m³/s;2 号桥为拱桥,共 4 孔,每孔宽 20 m,共宽 80 m,最大过水能力为 170 m³/s。这两座桥梁连桥面栏杆都因漂浮物堵塞而形成了阻水墙,最后不堪重负而倒塌。这次洪水过程中,如果能及时清除桥梁阻水漂浮物,至少可使水位降低 30～50 cm。

5. 缺乏正确有效的自保自救手段

采取正确有效的措施,并将保护生命安全放在首要地位,是减轻人员伤亡的关键。据了解,这次沙兰镇因灾死亡的村民中,就有为抢救家中钱财而丧命的,但也有部分师生和群众因采取了正确的自救方法成功脱险。中心小学 4 年级 1 班班主任坚持指挥学生保持镇静,采取正确自保措施,故该班同学存活比例大。镇水利站站长于 14 时 44 分第一个向市防办报警,镇林业站站长在大水封门时,果断砸破窗玻璃,将 4 位老人救上房顶。

6. 防灾训练亟待规范

缺少防灾意识,是应急反应迟钝的主要原因;缺少自救的本领,遇到突发性灾难惊慌失措;缺少应急的组织,在最紧急的时刻处于混乱状态。大灾之后,黑龙江省已经做出决定,要对所有中、小学生开设防灾教育课。

7. 加强建筑逃生设施改造

大灾之后,沙兰镇中心小学得以迁址重建,但是对于绝大多数有类似风险的学校来说,此模式尚难以效仿和推广,需对有风险的建筑进行洪水风险评价,有针对性地对建筑进行耐淹加固和增设逃生设施的改造。例如,每个教室都设置可上顶棚的天窗和墙梯,并在顶棚上设置可二次转移的棚窗等。

8. 提高应急预案的可操作性

此次灾前,沙兰镇的防灾避险预案的主要措施集中在筹集物资和抢险上,并没有人员疏散的部分。如王家村的防洪预案中只明确了要准备 3 000 个编织袋,具体用途是预防该村拦河坝决堤,却没有"逃生"的措施。

沙兰镇悲剧发生之后,黑龙江省要求各级政府对防汛应急预案进行检查与修订,增强了预案的可操作性,大大推进了此项工作的完善。

9. 城镇开发建设挤占行洪区

这次引发沙兰河流域山洪的暴雨,主要降落在了和盛水库至沙兰镇之间的

70 km²的丘陵区,该区域基本上都开垦成了坡耕地,导致蓄水能力下降,这次洪灾与河道两岸房屋缩窄行洪断面、壅高水位也有一定的关系,多年的城镇开发建设逐步挤占了行洪区,是这次洪灾损失严重的原因之一。

资料来源

涂勇,何秉顺,郭良.中国山洪灾害和防御实例研究与警示[M].北京:中国水利水电出版社,2020.

5.3.6　案例分析

沙兰镇这次特大山洪灾害非常典型,伤亡惨重,教训深刻,尤其是 105 个被山洪夺去宝贵生命的孩子,是一场巨大的悲剧。此次灾害事件中存在的阻水障碍物堵桥、预警信息未及时传达、灾害防御意识薄弱等问题在当前不同地区仍然有不同程度的存在,天灾背后的人祸值得从业者深思,需要警惕人员密集区(学校、旅游景区)群死群伤事件再次发生。对此次灾害的总结如下:

1. 形成时间短,洪水量极大

降雨过程仅 1 h 10 min,重现期为 200 年,属于典型的发生在山丘区的陡涨陡落的洪水。

2. 突发性强,灾害防御意识薄弱

历史上沙兰镇很少发洪水,即使发生了洪水,漫溢出槽的洪水也只有几十厘米的水深,然而这次在沙兰镇中心小学,极限水深达到 2.2 m。沙兰镇因一直也未被列为山洪灾害重点防治对象,缺少必要的防灾准备,在得到洪水来临的消息后没能迅速引起警觉,而陷入灭顶之灾后许多人惊慌失措,难以正确实施自保自救措施。

3. 造成损失大,教训深刻

此次灾害造成了 2005 年因山洪灾害致死总人数 8% 的伤亡。沙兰镇的确是遭受了出乎人们预料和想像的罕见天灾,而许多事实又表明,当地的人们确实错失了一些可能挽救生命的机会。

5.4　甘肃省舟曲县"2010.8.8"特大山洪泥石流灾害

2010 年 8 月 7 日 22 时 40 分,甘肃省甘南藏族自治州舟曲县城东北部山区突降短历时、高强度暴雨,持续 40 多分钟,最大降雨量超过 90 mm,引发县城东北部的三眼峪、罗家峪特大山洪泥石流(图 5.4.1)。泥石流涌入白龙江后,形成巨大堰塞体堵塞了河道,白龙江水位比灾前上涨 10 m,水面高出了河堤 3 m,城区 2/3 的区域一片汪洋,主要街道被淹没,城区大面积停电,通信完全中断。这是 1949 年以来造成人员死亡、失踪最严重的一次泥石流灾害,冲出沟口的固体堆积物达 180×10⁴ m³,舟曲县城 2/3 严重受灾,涉灾人口约 5 万人,死亡 1 501 人,失踪 264 人,初步估计直接经济损失达 4 亿元[19,20]。

图 5.4.1　甘肃省舟曲县"2010.8.8"特大山洪泥石流灾害

5.4.1　雨情

　　2010 年 8 月 7 日晚,舟曲县城正北方向的三眼峪和罗家峪一带发生大暴雨,此次暴雨范围小、历时短、强度大,暴雨过程的走向为从西北到东南。舟曲县气象局东山雨量站的观测数据表明,舟曲县城西北方向的迭部县代古寺从 7 月 23 日 20 时开始降雨,20～21 时降雨量为 55.4 mm;舟曲县城东山镇降雨从 21 时开始,21～22 时降雨量为 1.8 mm,22～23 时降雨量为 0.5 mm,23～24 时降雨量达 77.3 mm。最大降雨量出现在舟曲县城东南部的东山镇,8 h 累积降雨量为 96.3 mm,舟曲县西北方向白龙江上游的迭部县代古寺 8 h 累积降水量为 93.8 mm。舟曲县及白龙江上游各雨量站 8 月 7 日 20 时至 8 日 5 时降雨量见表 5.4.1。舟曲县城东南部的东山镇的降雨量最大,7 月 23 日 23～24 时降水量达到 77.3 mm,正是这一时段的集中降雨造成了舟曲特大山洪泥石流灾害。

表 5.4.1　舟曲附近各雨量站 2010 年 8 月 7 日 20 时至 8 日 5 时降雨量

雨量站名	各时段降雨量(mm)										合计
	8 月 7 日				8 月 8 日						
	20 时	21 时	22 时	23 时	0 时	1 时	2 时	3 时	4 时	5 时	
迭部	3.1	0.8	0.0	0.0	0.0	0.1	0.0	0.0	0.0	0.0	4.0
扎尕那	3.8	0.0	0.0	0.5	0.0	0.2	0.0	0.0	0.0	0.0	4.5
白云	15.9	1.3	0.0	0.0	0.0	0.2	0.0	0.0	0.0	0.0	17.4
达拉	0.4	3.6	0.7	0.1	0.0	0.0	0.0	0.0	0.0	0.0	4.8
旺藏	13.5	3.5	0.1	0.1	0.0	0.5	0.0	0.1	0.0	0.0	18.3
多儿	0.0	0.0	0.3	0.5	0.4	0.3	2.1	1.5	0.0	0.0	5.3
代古寺	0.0	55.4	28.4	0.5	1.8	2.3	3.9	1.4	0.1	0.0	93.8
腊子口	0.1	0.0	23.4	3.2	5.0	4.4	0.3	0.1	0.0	0.0	36.5
立节	0.0	0.0	3.0	0.0	0.7	0.3	0.1	0.1	0.0	0.0	4.9
封迭	0.0	0.0	0.0	13.8	1.4	0.0	0.6	0.6	0.0	0.0	17.4
舟曲	0.0	0.0	0.0	0.0	2.4	6.8	0.7	1.7	1.1	0.1	12.8
东山	0.0	0.0	1.8	0.5	77.3	10.9	1.1	2.0	2.5	0.2	96.3
石门坪	0.0	0.0	0.0	0.0	2.4	23.5	2.0	1.7	0.5	0.5	30.6
木耳坝	0.0	1.2	1.2	0.0	0.0	0.0	8.1	7.2	5.3	1.6	24.6

5.4.2　水情

通过计算,三眼峪调查河段的泥石流洪峰流量为 1 160 m³/s,罗家峪调查河段的泥石流洪峰流量为 583 m³/s。泥石流洪峰流量不同于普通的洪水形成的洪峰流量,因泥石流中包含有大量的石块和泥土,所以在较小的流域中就能够形成很大的泥石流洪峰。三眼峪流域形状为扇形,根据洪峰流量和洪水历时概化出的洪水过程线为三角形,计算得出三眼峪洪水总量为 174×10⁴ m³;罗家峪流域形状为长条形,罗家峪洪峰有一定的滞后,概化出的洪水过程线为梯形,计算得出罗家峪洪水总量为 115×10⁴ m³。

5.4.3　灾情

2010 年 8 月 8 日 0 时许,暴雨引发两条沟系(三眼峪、罗字峪)特大山洪泥石流,包括舟曲县城关镇月圆村在内的宽约 500 m、长约 5 km 的区域被夷为平地,泥石流涌入白龙江,形成堰塞湖。8月8日1时许,该区域居民约300户共2000人被泥石流淹没,20余栋楼房被冲毁。灾害使县城受灾区域的近半数房屋建筑受损。白龙江城区段两岸大部分楼房和平房严重受浸,部分房屋倾斜,共造成1501人死亡,264人失踪。

5.4.4　抢险救灾过程

2010年8月8日凌晨,甘肃省舟曲县因强降雨引发滑坡泥石流,堵塞嘉陵江上游支流白龙江,形成堰塞湖,造成重大人员伤亡,电力、交通、通信中断。8月8日12时,有关部门负责同志赶赴受灾地区。8月8日,第一只救援力量武警交通第六支队(现武警交通第八支队)救援队携带专业设备赶到舟曲县泥石流救援现场,灾害救援在8日晚彻夜进行。由于灾害发生突然,有不少居民遇难,有的甚至全家只有个别人幸存。

在8月9日凌晨召开的指挥部会议上,卫生部现场调集心理医生赶赴舟曲灾区,进行心理疏导服务。8月9日凌晨5时,民政部向甘肃省灾区组织调运的第3批中央救灾物资:10000件棉大衣、2400张折叠床、2000顶12 m²帐篷从陕西省西安市起运。用于解决灾后通信不畅问题的应急通信保障车也陆续进入城区开始工作。9日8时18分,兰州军区工兵部队对舟曲堰塞湖阻水的瓦厂桥实施第一次爆破,随后武警水电部队进行机械开挖。现场观测,堰塞湖下泄流量约为95 m³/s。9时34分,工兵部队进行第二次爆破,除险工作仍在进行中。

8月9日,中国红十字会总会向甘肃省舟曲县泥石流灾区派出救灾工作组,并再次调拨100万元救灾款,用于舟曲灾区食品、饮用水等急需物资的采购,同时调拨价值40余万元的1600个家庭包至灾区。中国红十字会总会在8月8日已从成都备灾救灾中心紧急调拨价值32万元的400个家庭包和2000床棉被至舟曲灾区,于8月10日早上到达。家庭包里有日常生活需要的衣物、薄被、餐具、洗漱用品等。舟曲县泥石流灾情发生后,甘肃省红十字会第一时间启动Ⅱ级应急响应预案,派出救灾组赶赴灾区,并紧急调拨价值约40万元的紧急救援物资运抵灾区。

资料来源
涂勇,何秉顺,郭良.中国山洪灾害和防御实例研究与警示[M].北京:中国水利水电出版社,2020.

5.4.5　案例分析

甘肃省舟曲县"2010.8.8"特大山洪泥石流灾害在中国山洪灾害防治历程中是具有里程碑意义的事件,开启了山洪灾害防治元年。2010年7月,国务院常务会议决定:"加快实施山洪灾害防治规划,加强监测预警系统建设,建立基层防御组织体系,提高山洪灾害防御能力。"2010 年 10 月,国务院印发了《国务院关于切实加强中小河流治理和山洪地质灾害防治的若干意见》(国发〔2010〕31 号)。由此,山洪灾害防治项目从规划期转向建设期,山洪灾害防治项目在全国范围内全面展开。从一点来说,其意义非常重大。

1. 灾害背景

舟曲县"2010.8.8"特大型山洪泥石流灾害既不是单纯的山洪灾害(以水流为主),也不是单纯的泥石流灾害(以泥石涌动为主),而是既有山洪的快速运动能力,又有泥石流的巨大摧毁威能,是在特殊的地质地貌和丰富物质积累背景下,耦合局地超强降雨形成的一起以自然因素引发为主的特大灾难。

2. 舟曲县"2010.8.8"特大山洪泥石流灾害的形成因素

(1) 地质地貌条件。舟曲地区是全国滑坡、泥石流、地震三大地质灾害多发区。舟曲一带位于秦岭西部的褶皱带,山体分化、破碎严重,大部分是炭灰夹杂的土质,非常容易形成地质灾害。

(2) "5.12"汶川大地震后续影响。舟曲地区是"5.12"汶川大地震的重灾区之一,地震导致舟曲地区的山体松动,极易垮塌,而山体稳定性要恢复到震前水平至少需要 3～5 年时间。

(3) 气象条件。2010 年包括舟曲地区在内的国内大部分地方遭遇严重干旱,这使岩体、土体收缩,裂缝暴露出来,遇到强降雨,雨水容易进入山缝隙,形成地质灾害。

(4) 瞬时暴雨和强降雨。由于岩体存在大量裂缝,瞬时的暴雨和强降雨深入岩体深部,导致岩体崩塌、滑坡,形成泥石流。

(5) 灾害隐蔽性、突发性、破坏性强。2010 年国内发生的地质灾害有 1/3 是在监控点监控范围以外发生的,隐蔽性很强,难以提前排查出来,一旦成灾就会造成较大损失。

3. 灾害影响

舟曲县"2010.8.8"特大山洪泥石流灾害是 1949 年以来单次造成人员死亡最多的山洪泥石流灾害,2010 年 8 月 14 日 10 时,国务院宣布 8 月 15 日为全国哀悼日。灾害发生后,三眼峪、罗家峪已经按高标准修建拦挡坝和排导渠,展开了大规模的重建工作。

5.5　吉林省永吉县"2017.7.13"山洪灾害

2017 年 7 月 13～14 日、7 月 19～20 日、8 月 2～3 日,吉林省永吉县温德河流域在不到 30 天月内发生了 3 次中、小河流洪水和山洪灾害,县城两次被淹,十分罕见(图 5.5.1)。其中 7 月 13～14 日的洪峰,口前水文站水位达 228.05 m,超堤顶高程(226.00 m)2.05 m,超保证水位(224.2 m)3.85 m,吉林水文局估算流量为 3 350 m³/s,超 2010 年"7.28"洪水的流量(3 120 m³/s),位居历史首位。据统计,3 次灾害共造成全县 2 562 间房屋倒塌,受灾人口 61.53 万人次,造成永吉县直接经济损失达 178.26 亿元,是 2015 年县域 GDP(102.95 亿元)的 1.73 倍。

(a)

(b)

图 5.5.1　吉林省永吉县"2017.7.13"山洪灾害

5.5.1　雨水情与成灾机理

温德河流域是西流松花江左岸一级支流,发源于永吉县五里河镇的肇大鸡山西北侧,出源后北流,经永吉县口前镇、丰满区前二道乡,在吉林市丰满区注入西流松花江。温德河全长 64.5 km,集雨面积为 1 179 km²,河流比降为 2.9‰,流域地势由南向北倾斜。河道控制站口前水文站位于温德河下游,断面以上流域面积为 830 km²。对永吉县城造成影响的还有温德河的支流四间河和巴虎河。四间河穿过口前镇城区,集雨面积为 94.7 km²,河道长度为 20.3 km,河道坡度为9.7‰,在口前水文站下游 1 km 处与温德河汇合。巴虎河穿过永吉县经济开发区,流域面积为 39.7 km²,河道长度为 12.2 km,河道坡度为 10.3‰,巴虎河在四间河河口下游约 2 km 处汇入温德河。

1. 7 月 13～14 日降雨和洪水过程

2017 年 7 月 13 日 8 时,永吉县温德河流域出现局地降雨,降雨锋面从温德河流域南部向北部发展,与温德河流向相同,呈现出"雨水同向"的趋势。13 日 17 时,降雨减弱,部分地区降雨停止。13 日 18 时强降雨再起,此时段降雨集中于春登河流域到四间河流域,到 14 日 4 时,降雨趋于结束。整个过程温德河流域面平均降雨量为 181.5 mm,其中四间河流域面降雨量为 260 mm,最大 1 h 降雨量为 93 mm（口前镇黑屯水库雨量站）,最大点降雨量为 331.5 mm（口前镇新华水库雨量站）。此次降雨过程口前水文站 13 日 21 时 25 分水位达 260.00 m,洪水开始漫过堤顶。14 日 0 时,口前水文站信息中断。据吉林省水文局推测,口前水文站 14 日 0 时出现洪峰,水位达 228.05 m,估算流量为 3 350 m³/s。13 日 22 时至 14 日 0 时,温德河洪峰和四间河、巴虎河洪峰接连遭遇,特别是温德河和四间河穿越口前镇,再加上巴虎河洪水顶托,导致永吉县口前镇城区约 90％面积被淹,水深 2～3 m。

2. 7 月 19～20 日降雨和洪水过程

2017 年 7 月 19 日 17 时至 20 日 15 时,永吉县再度出现暴雨天气。降雨总历时为 23 h。温德河流域面平均降雨量为 153.0 mm,最大 1 h 降雨量为 103 mm（口前镇金二水库雨量站）,最大点降雨量为 339.5 mm（西阳镇红石岭水库雨量站）。本次降雨有两次明显的过程,第一轮降雨从 19 日 17 时至 20 日 1 时,暴雨中心沿着温德河流域四周顺时针转动,20 日凌晨在北方徘徊,从 20 日 2 时起开启了又一轮强度更大、范围更广的降雨,其中 20 日 2～3 时的降雨分布范围最广,20 日 2 时降雨主要集中在春登河流域周边。20 日 5～8 时,降雨主要集中在西阳河流域周边,9 时之后,降雨向北方移动并逐渐减小。口前水文站 20 日 4 时 20 分水位达到 226.00 m,洪水开始漫堤;20 日 5 时 15 分水位达到最高值 226.80 m,之后水位开始回落;在 20 日 9 时再次开始上涨,10 时水位涨至 226.00 m 后回落。此次洪水导致永吉县城再次受淹,受淹面积约占城区的 70%,水深为 0.6~2 m。

3. 8 月 2~3 日降雨和洪水过程

2017 年 8 月 2 日 20 时至 3 日 21 时,永吉县第三次出现暴雨,此次雨量较小,温德河流域面平均降雨量为 127.4 mm,最大 1 h 降雨量为 53.5 mm(西阳镇小朝阳水库雨量站),最大点降雨量为 180 mm(北大湖镇小屯水库雨量站)。温德河口前水位站于 8 月 3 日 1 时水位起涨,3 日 8 时水位达到最高值 224.98 m,超出警戒水位(224.00 m)0.98 m,相应流量为 942 m³/s,之后水位迅速回落,3 日 14 时水位为 221.36 m,低于警戒水位 1.64 m。

5.5.2　灾情

2017 年 7 月 13~14 日的洪水及山洪灾害造成了 31 人死亡失踪。7 月 19~20 日、8 月 2~3 日两场洪水及山洪灾害没有造成人员伤亡。根据事后调查,受山洪灾害冲淹严重的四间河、巴虎河、春登河等沿线村庄没有发生人员伤亡事件。所有死亡失踪地点都在县城(口前镇)社区和主要街道,大部分是因转移后又返家或在将汽车挪向高地的过程中遇难的。

5.5.3　防御过程

调研组现场调查后认为,已建山洪灾害监测预警系统、群测群防体系和调查评价成果在防御 3 场洪水(山洪)灾害中发挥了至关重要的作用。鉴于 3 场灾害的防御过程类似,故以 7 月 13~14 日强降雨及中、小河流山洪灾害的防御过程为例进行说明。

1. 灾前准备

(1) 2017 年 7 月 12 日 20 时 5 分,永吉县防汛办值班人员通过"永吉防汛""防汛值班信息"微信群和"永吉防汛"QQ 群将吉林省吉林市防指《关于做好强降雨防范工作的通知》进行了传达。

(2) 7 月 13 日 6 时 28 分,永吉县防汛办值班人员接收吉林市防汛办转发来的省、市气象部门有关地质灾害、河流风险和暴雨蓝色预警信息,并通报防汛办负责人。

(3) 7 月 13 日 8 时,永吉县气象局发布暴雨蓝色预警信号。

(4) 7 月 13 日 8 时 5 分,按照应急响应程序要求,永吉县防指启动防汛Ⅳ级应急响应,随后永吉县水利局长召集主管副局长、防汛办常务副主任,对汛情进行分析、预测,对防汛工作进行安排,各级相关责任人到岗到位,随时关注雨情、水情变化。

(5) 7 月 13 日 8 时 20 分,永吉县防汛办通过防汛微信群、防汛 QQ 群、公文内网、传真等方式将暴雨蓝色预警信号传达到各乡(镇、社区)、防指成员单位。

(6) 7 月 13 日 9 时 35 分,永吉县政府应急办通过微信群、防汛 QQ 群、公文内网、传真等方式传达县防指总指挥(县长)、副总指挥(副县长)针对此次强降雨做好防范工作的指示。

(7) 7 月 13 日 10 时 10 分,永吉县防汛办值班人员接收吉林市防汛办转发来的省、市气象部门暴雨黄色预警信息和雷暴大风预警信息,并立即传达到各乡(镇、社区)和防指成员单位。

(8) 7 月 13 日 10 时 40 分,永吉县防汛办工作人员开始密切关注县级山洪灾害预警系统和吉林省防汛决策系统中的实时降雨信息,一旦发现 1 h 降雨量超 20 mm、2 h 降雨量超 30 mm、累积降雨量超 50 mm 的站点,立刻与相关乡(镇)、村联系,告知雨情信息,及时了解当地情况,并迅速反馈至吉林市、永吉县防指。防汛办和气象局的值班人员通过防汛微信群、防汛 QQ 群将各乡(镇、社区)实时降雨信息上传,便于乡(镇、社区)及时了解雨水情信息。

2. 灾中预警和响应

(1) 2017 年 7 月 13 日 12 时,永吉县气象局发布暴雨黄色预警信号。

(2) 7 月 13 日 12 时 5 分,永吉县防指发布启动防汛Ⅲ级应急响应的紧急通知,通过防汛微信群、防汛 QQ 群、公文内网、传真等途经传达到相关单位。

(3) 7 月 13 日 14 时 20 分,永吉县气象局通报实时降水信息,并对降雨经过的区域进行预报。

(4) 7 月 13 日 15 时 30 分,永吉县防汛办通过县山洪监测预警平台监测到县经济开发区巴虎河上游降雨强度较大(平均 70 mm),造成巴虎河堤防出现险情,县水利局人员前往现场指导处理险情。

(5) 7 月 13 日 15 时 40 分,永吉县铁路局工作人员到达防汛办。根据防汛办提供的降雨情况、相关水库蓄水情况及预警响应,以每 10 min 一次的频率向铁路局报告雨情及相关河道流量。

(6) 7 月 13 日 16 时 30 分,永吉县经济开发区管委会开始组织巴虎河沿线危险区域和低洼地带内的人员进行转移。

(7) 7 月 13 日 17 时 53 分,永吉县防指总指挥(县长)、副总指挥(副县长)到县防汛办,通过山洪灾害监测预警系统实时观看降雨和气象云图等情报。总指挥主持会商,召集县防指成员单位开会研判汛情,研究部署具体防御工作。

(8) 7 月 13 日 17 时 55 分,永吉县气象局发布暴雨橙色预警信号。

(9) 7 月 13 日 18 时 10 分,永吉县防指发布启动防汛Ⅱ级应急响应的紧急通知,通过防汛微信群、防汛 QQ 群、传真等方式传达到相关单位。永吉县防指副总指挥通过防汛微信群和山洪灾害监测预警平台传达要求:各部门和各乡(镇、社区)迅速进入Ⅱ级应急响应状态,启动危险地段人员疏散转移预案。

(10) 7 月 13 日 18 时 30 分,降雨量大的北大湖镇、口前镇、西阳镇等乡(镇)开始按照预案进行河流两侧危险、低洼地带的人员转移安置工作。

(11) 7月13日18时35分,永吉县防汛办将雨情和县防指Ⅱ级应急响应等信息情况提供给铁路防汛值班人员,铁路值班人员立即上报给口前铁路部门领导,将正在沈吉线4处进行应急抢险和巡线的1 200余人及71台车辆,全部及时转移至安全地带。

(12) 7月13日19时,永吉县县委书记来到县防指会商室,通过山洪灾害监测预警系统实时观看降雨和气象云图等,调度各乡(镇、社区)和县城人员转移等工作部署和落实情况。

(13) 7月13日19时15分,永吉县防指接到永吉十中附近平房(河北社区八委)和平安三区附近杨木沟内有居民被大水围困的险情报告,立即调配铲车等大型机械设备,对被围困人员进行解救。

(14) 7月13日19时45分,永吉县城区电力中断,县防指启动备用发电机为县级山洪灾害监测预警平台供电,确保平台正常运行。

(15) 7月13日20时,永吉县气象局发布暴雨红色预警信号。

(16) 7月13日20时10分,永吉县防指发布启动防汛Ⅰ级应急响应的紧急通知,通过防汛微信群、防汛 QQ 群、电话等方式传达到相关单位。各部门和各乡(镇、社区)迅速进入Ⅰ级应急响应状态。

(17) 7月13日20时11分,防汛办工作人员通过防汛值班信息微信群、防汛QQ 群推送温德河口前水位站实测流量(达 840 m³/s)已经超过保证流量的信息。

(18) 7月13日21时15分,防汛办工作人员通过防汛值班信息微信群、防汛QQ 群推送温德河口前水位站实测流量1 850 m³/s,水位已经达到 225.35 m,即将漫过堤顶的信息。

(19) 7月13日21时25分,温德河水开始漫过堤顶。

(20) 7月13日21时42分,永吉县防指一楼进水,发电机被淹,指挥部立即采用 UPS 为县级防汛平台供电,继续监视雨水情;县防指采用无线电台对外进行指挥、调度。

(21) 7月13日22时30分,吉林省、吉林市防指派出抢险队伍赶赴永吉县进行抗洪抢险。永吉县防指通过无线电台、卫星电话与抢险人员保持密切联系,及时调度,解救被围困人员。

(22) 7月14日零时,温德河口前镇水位达到最高点228.05 m,之后水位开始下降。

据统计,7月13日午后至7月14日凌晨,永吉县共转移群众7.92万人。

资料来源

涂勇,何秉顺,郭良.中国山洪灾害和防御实例研究与警示[M].北京:中国水利水电出版社,2020.

5.5.4　案例分析

吉林省永吉县"2017.7.13"山洪灾害经历 3 次强降雨过程,共造成 31 人死亡,灾害防御工作压力很大,当地政府克服各种困难,利用山洪灾害非工程措施和群测群防体系,有效地防御了此次灾害,形成了山洪灾害防御的"永吉模式",即基于永吉的县情、社情,由县、乡(镇)两级人民政府和村(居)民委员会主导,省、市防汛、水文部门指导,县防汛主管部门组织执行,以群众生命财产安全为目标,以县、乡、村、组、户五级责任制体系为核心,以县、乡、村三级预案为基础,以山洪灾害监测预警系统平台为抓手,夯实非工程措施和工程措施基础,渐次提高预警和响应级别,应用现代科学技术手段,强化应急电力、通信和救援物资保障,服务铁路、交通等行业,科学有效应对中、小河流洪水和山洪灾害。

1. 大密度雨水情监测站网提供了丰富的高时空分辨率信息

已经建设的 85 个自动雨量/水位站以 5 min 一报的频率及时向县防汛指挥部报汛,结合共享的 86 个水文气象站点,形成了密集的雨水情监测站网。通过县级防汛平台的实时展示,使县防指了解和掌握降雨强度分布、降雨锋面移动以及县内 61 座中、小型水库的蓄水和泄洪情况。县防汛办工作人员将实况降雨信息用微信群发送至有关乡(镇),于是各乡(镇)也实时掌握了本地降雨信息。铁路部门也基于此信息,避免了重大人员伤亡。

2. 群测群防机制提高了防范意识,落实了包户转移责任

永吉县组织编制了包括 9 个乡(镇)、140 个行政村的山洪灾害防御预案,落实了转移包户责任制和转移路线、安置点,广泛开展了宣传、培训和演练,严格落实了山洪灾害防御工作领导责任制,实行县领导包乡镇、乡(镇)干部包村、村干部包组、组长和党员包户的四包责任制,并落实村级监测预警员对降水过程进行雨量观测。正是基于群测群防机制,在防洪能力薄弱的山区乡村,也能及时转移人员。

3. 应急保障措施发挥重大作用

7 月 13 日 19 时 45 分永吉县城电力中断,县防指启动备用发电机为县级山洪灾害监测预警平台供电,后发电机被淹,则用 UPS 支撑平台运行,在此期间捕捉监测到了最大 1 h 雨强和 3 h 雨强。永吉县城断电后,县防指依靠短波电台发布预警指令,与各乡(镇)和水库进行联络,指挥人员转移。

4. 山洪灾害调查评价提供了重要基础支撑

在防御"2017.7.13"山洪灾害的指挥过程中,永吉县防指结合调查评价成果图册中记载的沿河村落各级危险区和安全区的划分区域进行会商,实时指挥调度。通过调查评价制定的防洪形势图、水利工程图、山洪灾害危险区分布图为行政首长开展指挥工作提供了重要的基础信息。

5.6 四川省汶川县"2019.8.20"特大山洪泥石流灾害

四川省汶川县自 2019 年 8 月 19 日 2 时开始持续降雨,降雨至 8 月 22 日 14 时基本结束,主要降雨集中在 20 日 0~4 时。暴雨引发多地洪涝、地质自然灾害,其中 8 月 19 日 8 时至 8 月 20 日 8 时,汶川县内普降大到暴雨,此次强降雨诱发了"2019.8.20"特大山洪泥石流(图 5.6.1)。

图 5.6.1 四川省汶川县"2019.8.20"特大山洪泥石流灾害

5.6.1 雨情

2019 年 8 月 18 日晚,汶川县出现了一次强降雨过程。8 月 19 日 8 时至 8 月 20 日 8 时,汶川县普降大雨,1 个站点达到特大暴雨,16 个站点达到大暴雨,5 个站点达到暴雨。此次降雨过程中,汶川县境内最大 1 h 降雨量为寿溪控制站郭家坝雨量站(43.5 mm),最大 3 h 降雨量为渔子溪木江坪雨量站(81 mm),最大 6 h 降雨量为渔子溪木江坪雨量站(96.8 mm),过程累积降雨量最大为寿溪三江口雨量站(332.6 mm),其中草坡河克充雨量站最大 3 h、最大 6 h 降雨量均超过百年一遇。

5.6.2　水情

受强降雨影响,汶川县境内多条河流发生大洪水甚至特大洪水。寿溪控制站郭家坝水文站在 20 日 3 时 15 分出现洪峰水位(904.85 m),相应流量为 1 860 m³/s,洪水频率为五十年一遇,最大 1 h 水位变幅达 3.75 m。草坡河克充水位站 20 日 3 时 45 分出现洪峰水位(1 289.50 m),相应流量为 573 m³/s,为超百年一遇洪水。渔子溪中游龙关水位站 20 日 3 时 15 分出现洪峰水位(1 522.73 m),水位变幅为 1.61 m。下游渔子溪水文站 20 日 5 时出现洪峰水位(886.88 m),相应流量为 570 m³/s。

5.6.3　灾情

此次山洪泥石流灾害导致汶川县 80 452 人受灾,死亡 38 人,转移 48 862 人,其中疏散游客 27 200 人,倒塌房屋 228 间,受损房屋 1 704 间;农作物受灾 1 979.86 hm²,成灾面积 1 185.26 hm²,绝收 800 hm²;堤防受损 53 处,总长 64 km,公路中断 8 条次,供电中断 13 条次,通信中断 8 条次。死亡、失联的 38 人中,从灾害种类来看,因中、小河流洪水致难的 17 人(占 45%),其他类型(泥石流、意外)致难的 21 人(占 55%);从致难原因来看,转移过程中死亡、失联 19 人(占 50%),转移不及 12 人(占 32%),抢救财物或不愿转移 4 人(占 10%),其他 3 人(占 8%);从遇难人员类型来看,村民 15 人(其中 4 人为责任人,履职过程中死亡、失联,占 39%),游客及外来人员 16 人(占 42%),企业职工和抢险人员 7 人(占 19%)。

5.6.4　防御过程

1. 水利部门监测预警过程

2019 年 8 月 18～19 日,气象部门陆续发布了多次暴雨蓝色预警。接到预警信息后,汶川县水务局及时通过微信、QQ、短信和电话等多种方式,将预警信息传达到了各乡(镇)和各重点防汛单位。

8 月 19 日 17 时,气象部门发布蓝色气象预警,接到县级气象、防汛、应急等部门发布、传达的预警信息后,各乡(镇)通知各村(组)相关责任人,立即到岗到位,加大巡查频次,加强对水情的监测;当监测人员发现水位上涨迅速时,应立即组织沿河群众撤离,同时向乡(镇)政府报告。

8 月 19 日 20 时,开始下雨,各乡(镇)、村防御部门通过微信、短信等方式接收到县级气象、防汛、应急等部门发布、传达的预警信息,各村(组)责任人开始做好转移准备工作。

　　8月20日0时,汶川县突降暴雨,三江口雨量站1 h降雨量为17 mm;1时48分,山洪预警监测平台向耿达镇5个危险区发布准备转移的预警,县级防御部门立即电话通知耿达镇政府,要求在开展巡查的同时准备转移,而耿达镇政府值班人员当时已经在开展巡查并准备转移工作。

　　8月20日2时17分,山洪监测预警平台向耿达镇发布立即转移预警,汶川县水务局办公室电话通知三江镇值班人员,得知镇政府已在组织转移。

　　8月20日3时3分,山洪监测预警平台在向绵虒镇发出羌锋村应准备转移的内部预警后,立即打电话到绵虒镇政府,当时镇政府已经在组织转移。

　　8月20日3时5分,山洪监测预警平台在向水磨镇14个村发布18条准备转移的内部预警后,立即打电话通知水磨镇政府,当时镇政府已经在组织转移工作。

　　8月20日3时23分,山洪监测预警平台向银杏乡桃关村发布准备转移的内部预警,银杏乡值班电话、座机、相关责任人电话均未能接通;漩映片区电话均无法接通。

　　8月20日4时13分,山洪监测预警平台向克枯乡下庄村、绵虒镇发出内部预警,绵虒镇值班电话未能接通,克枯乡下庄村茶园沟当时已经暴发了泥石流,乡政府正在转移群众。

　　2. 基层乡镇、村响应过程

　　(1)三江镇照壁村:8月20日降雨后,村(组)干部加强了巡查并及时转移照壁村400户,12 500人。三江镇康养半岛工棚、水岸明珠小区、汇泉苑3处位于三江镇集镇范围内,为非山洪灾害防治区。洪水共造成15人死亡,其中游客13人,外来务工人员2人,均为通知转移后仍返回收拾财物而遇难。

　　(2)三江镇街村:8月19日15时,街村村主任和值班人员在相关微信群中收到国土、气象部门发布的蓝色预警,立即通知各小组做好转移准备;20日1时,收到山洪监测预警平台和微信群发布的立即转移通知,立即启动山洪灾害防御预案,村委会即刻组织村民转移,半小时转移后街村1 000余村民;20日3时5分,水位暴涨10 m多,两名游客在转移过程中因跑错路线被洪水冲走死亡。

　　(3)耿达镇鹞子沟村:耿达镇鹞子沟村属地质灾害隐患点,位于面积约5 km²的鹞子沟小流域。鹞子沟村8月19日15时收到国土、气象部门发布的预警信息,村主任通知责任人做好监测和巡查工作,同时开始转移游客。8月20日2时5分左右,责任人在监测和巡查时,突发山洪泥石流,鹞子沟左岸2户居民共7人瞬间被泥石流冲走。发生泥石流后,村支书立即组织有关人员进行救灾和等待救援。鹞子沟和龙潭沟泥石流同时冲入龙潭沟水电站,造成龙潭沟水电站闸门无法打开,洪水堵塞淹没道路,电站值班人员和村主任从山顶绕行至灾害现场组织救灾工作。

　　(4)绵虒镇两河村:绵虒镇两河村共有居民156户503人,8月19日16时,接到国土、气象部门发布的山洪地质灾害气象预警,值班人员通知转移,17时转移30余人;于8月20日0时前最后200余人已全部转移完。村主任在转移完村民后,回家转移卧病不能行动的妻子,2 人在转移过程中,被泥石流冲走死亡。本次两河村泥石流过程迅猛、时间短,十几分钟就造成 13 户房屋被冲走,80 户房屋一楼几乎全部淤平。如果未及时转移,此次山洪地质灾害将会造成数百人的伤亡,山洪灾害防御系统和群测群防体系发挥了巨大作用。

(5)绵虒镇金波村:绵虒镇金波村位于山簸箕沟和金波寺沟交汇口下游。2019 年 8 月 19 日 17 时左右,汶川县水务局发布气象蓝色预警信息,水利局通过电话、微信等方式通知村干部及责任人做好山洪监测和准备转移工作。8 月 20 日 1 时山洪监测预警平台发出预警,村党支部书记听到沟道内有泥石流的声音,开始组织各村民小组转移村民,2 时左右村里人员已全部转移。村民小组组长为确保村民全部转移,前往村民家中检查是否有未转移人员时遭遇泥石流被冲走死亡。此次山洪泥石流过程时间短,水位上涨速度快,水位抬高约 7 m,瞬间淹没了村中建筑的一楼和二楼,村里多处房屋被掩埋。监测预警和群测群防体系在金波村山洪灾害防御过程中发挥了重要作用。

(6)绵虒镇羌锋村:羌锋村位于汶川县绵虒镇都汶高速路旁,共 253 户 923人。2019 年 8 月 19 日下午村委会值班人员接到气象预警信息后开始监测和巡查;19 日 21 时羌锋村接到汶川县山洪灾害预警信息,开始转移村民至村委会进行安置;20 日 2 时泥石流暴发,十几间房屋被埋,部分房屋被损毁,为确保群众生命安全,村干部又紧急将村民转移到村后山平台安置地点。羌锋村村民全部成功转移,无一人伤亡;若转移不及时,将会造成数百人伤亡。

资料来源

涂勇,何秉顺,郭良. 中国山洪灾害和防御实例研究与警示[M]. 中国水利水电出版社,2020.

5.6.5　案例分析

我国西南山区是泥石流频发、重发的区域,四川省汶川县是山洪泥石流灾害高风险区,分别于 2011 年、2013 年和 2017 年发生较大规模的山洪泥石流灾害。汶川县受到 2008 年地震的影响,地表碎屑松动,山体破碎,泥石流随山洪进入河道淤积抬高水位,极大地提高了致灾概率,具有点多面广、山洪泥石流伴发和群发、遇灾人员伤亡重等特点。此次汶川县多处出现山洪、泥石流、滑坡等灾害,造成较大人员伤亡,由于处在旅游高峰季节,人员转移工作量极大,全县共转移 48 862 人(其中疏散游客 27 200 人),灾害造成 16 名游客死亡。此次灾害防御过程中,各级政府、党委认真履行主体责任,基层干部认真负责,群众转移及时,减小了灾害损失,群测群防作用体现非常明显;但针对外来人员,尤其是旅游人员管理不足的问题仍值得高度关注。

(1)汶川县"2019.8.20"特大山洪泥石流灾害为超标准降雨引发的洪水、泥石流、滑坡等复合型自然灾害,成灾快、来势猛、防御难度大。降雨集中在 8 月 20 日 0~4 时,最大 1 h 降雨量为 43.5 mm,最大 3 h 降雨量为 81 mm,最大 6 h 降雨量为 96.8 mm,过程累积降雨量为 332.6 mm,其中草坡河克充站最大 3 h、最大 6 h 降雨量均超百年一遇。汶川县境内寿溪、草坡河、龙潭河、鹞子沟均发生大洪水甚至特大洪水,其中草坡河克充水位站 20 日 3 时 45 分出现洪峰,水位 1 289.5 m,相应流量为 573 m³/s,为超百年一遇洪水。汶川县"2019.8.20"特大山洪泥石流灾害分布范围广、破坏性强,特别是在"5.12"汶川地震之后,山体破碎、河道淤积,极大地增强了致灾因素。此次灾害具有点多面广、山洪泥石流伴发和群发、人员伤亡重等特点。

(2) 建设的山洪灾害监测预警系统、群测群防体系和水利设施在山洪灾害防御中发挥了重要作用。汶川县共有自动雨量站点 32 个(共享水文部门自动雨量站 9 个),平均为每 125 km² 一个站点;寿溪流域上分布有三江口雨量站、席草林雨量站(设备故障)、三江口水位站、郭家坝水文站(水磨镇),草坡河流域内有砂排雨量站和克充水位站(中、小河流建设站点)。从 8 月 19 日 2 时开始,汶川县境内开始降雨,至 8 月 22 日 14 时降雨基本结束,降雨主要集中在 8 月 20 日 0~4 时。汶川县气象、水文、防汛系统建设的监测站点的数据均能共享,同时也能共享查询上、下游县的数据。

(3) 阿坝藏族自治州、汶川县等各级政府、党委认真履行主体责任,基层干部认真负责,群众转移及时,减小了灾害损失。在遭遇"2019.8.20"极端特大洪水灾害时,各级政府、党委认真履行主体责任,转移群众及时,避免了集中的大规模人员伤亡。两河村和金波村都有村干部为确保群众全部转移,自己及家人没有来得及转移被洪水冲走而遇难,充分展现了基层干部舍小家顾大家、自我牺牲的可歌可泣精神。

(4) 加强山洪灾害风险分析,对危险区实行分级管理。在此次灾害防御过程中,尽管监测预警到位、责任人履职尽责,但仍然没有实现零伤亡,暴露出像汶川县这样的山洪灾害高风险区域,仅仅依靠常规的监测预警、群测群防等措施,是难以满足防灾减灾需求的。应在汶川县进一步加强山洪灾害风险分析,对危险区实施分级管理,根据不同级别对相应区域采取针对性的防灾减灾措施,如在极高风险区域实施预报转移;通过隐患梳理排查划定极高风险区域,制定人员转移清单和对应的安置点清单;签订三方(转移人、接安人、乡镇政府)结队转移协议,一旦预报危险区有暴雨天气过程,应立即按预案提前转移,结队转移产生的费用由地方财政予以支持。四川省宜宾市屏山县在这方面开创了先河,尽管是国家级贫困县,仍然每年预算安排 120 万元,按每人每天 20 元标准进行结队转移避险结算,成效显著。

(5) 汶川县山洪灾害防治体系存在的短板和薄弱环节。

① 安排部署针对性不够。汶川县防汛减灾举措多为常规举措,虽然地处"5.12"震中、龙门山暴雨区,但对旅游人员多、人口密集、流动性大等特殊情况针对

性不够,16 名游客因灾害迅猛、转移不及时导致死亡或失联,集中反映出常规的安排部署和预警转移措施不能完全适应旅游地区特殊的防灾减灾形势,安排部署和具体举措仍需进一步强化。

② 监测预警流程有待进一步优化。各阶段、各类预警信息主要通过 QQ 群和微信群发布,信息接收反馈不到位,响应措施不明确。汶川县山洪泥石流伴发,预警指标设置不够合理,对上游监测设备设施布置较少。

③ "最后一公里"措施有待进一步完善。转移过程中因灾死亡、失联 19 人,部分特殊群体无专人帮扶(足湾村、两河村等),部分群众盲目转移(三江镇),反映出防汛应急预案不够细,针对性不够强,对游客及外来人员的宣传演练不到位等问题。

5.7　总　　结

安徽省山洪灾害发生范围涉及皖南山区和大别山区 9 个市 43 个县,近 5 万 km^2 的区域。由于突发性强,破坏力大,预警预报难,在局部地区引发的灾害经常是毁灭性的,山洪灾害已成为汛期造成人员伤亡和经济损失的主要灾种。受特殊的气候、地理环境以及极端灾害性天气等共同影响,每年发生山洪灾害是确定的,但山洪灾害发生地点、时间都是不确定的,这就是自然规律。从灾害成因上看,局地强暴雨山洪是造成人员伤亡的主要原因,河势、地形等下垫面条件放大了灾害效应,预警信息未及时传达,灾害防御意识薄弱等问题仍然不同程度存在,天灾背后的人祸值得深思,尤其需要警惕人员密集区(学校、旅游景区)群死群伤事件再次发生。从灾害防御过程来看,预报预警、转移避险等环节也不同程度存在短板。

1. 切实落实防御责任

山洪灾害防御的主体责任在地方政府,各地要按照相关要求,强化责任意识,县级人民政府要落实防御行政责任人和对乡镇和重点村的包保责任人;乡(镇)人民政府要落实乡(镇)包村、村包组的"包保"责任人、网格责任人和监测、预警、转移、安置岗位责任人等,确保分工明确、无缝对接。各市、县水利(水务)局要落实县级监测预警平台专职人员,会同应急部门确定预警的发布规则和范围,建立预警发布审核会商研判机制。各县水利局要及时通过基层防汛监测预警系统平台更新责任人名单,确保汛期需要发布预警及时准确。

2. 积极消除风险隐患

一是要加强对监测预警设备设施的巡查检修。雨水情遥测站点要重点检查基础数据、供电系统、通信设备等是否正常;预警站点,尤其是无线预警广播系统要重点检查供电保障情况和功放模块的工作是否正常;基层防汛监测预警平台要重点检查工作人员是否能够熟练操作平台,预案是否按规定上传备案了,预警指标是否按实际调整到位了,责任人名单和电话号码是否更新了。

二是要对沿河村落、低洼易涝区、陡坡沟口处等进行再排查,根据最高洪水位补充洪水影响人口状况的信息。

三是要督促乡(镇)对撤退道路、安置场所进行检查,对发现的问题要提请基层人民政府抓紧处置。

3. 修订完善防御预案

按照要求,县、乡(镇)、村级均应编制山洪灾害防御预案。预案编制完成后,县水利局应对预案组织技术审查,督促有关部门根据审批权限完成批复或印发执行。预案一定要踏实,要有可操作性,特别是村级预案,要科学划分网格,山洪灾害防御网格应以自然村或村民聚集点为单元,独立的农家乐、学校、敬老院、医院等应作为单独网格而明确责任人。对于比较大或比较分散的自然村,一个网格可能不够,要遵循就近、方便的原则,以确保临灾预警能第一时间传递到每一个人为目标,统筹考虑网格划分。

4. 强化值班值守监测巡查

进入汛期,各地要 24 小时值班值守,密切关注天气形势和雨水情变化,要切实加大对基层防汛监测预警平台的使用力度,对平台监测到的自动监测站点信息,尤其是超过预警阈值的信息,应第一时间复核其可靠性;核实后,要第一时间通知相关地区责任人及危险区内群众,让他们提前做好防灾避险准备。当人工设施监测岗位人员观测数据达到或超过预警值时,要通过手机、固定电话等方式,及时报告乡(镇)、村监测责任人,再由乡(镇)上报至县级水利局和防办。如发生手机打不通等紧急情况,应通过人工方式(如上门)通知所在村(组)及时开展应对工作。

河道堤防、水库、山塘等防洪工程设施的巡查防守人员要加强工程巡查,发现异常情况要随时报告。

5. 强化会商研判临灾处置

要充分与气象部门合作,利用滚动降雨预报和雷达测雨提前进行风险提示预警。当预报有暴雨时,带班领导要坐镇值班室,加强与气象、水文等部门会商研判,将预警关口前移,为山洪灾害防御争取时间。当降雨预报,尤其是 6 h 临近预报有暴雨、大暴雨,或已发生的降雨接近临界雨量值时,应发布雨量预警信息;当河道上游水位或水库、塘坝水位急剧上涨,即将达到预警阈值时,应立即向下游发布水位预警信息;要采用电话、短信、传真、广播等及时向下发布预警信息,在无通信网络(或通信网络中断)时,按照预案中事先确定的报警信号,利用手摇报警器、铜锣、电源报警器、无线广播及高音喇叭等设备,向灾害可能威胁的区域发送警报。

6. 加强宣传培训演练

要认真总结近年来山洪灾害防御经验教训,全面落实群测群防责任制体系以及宣传、培训、演练等各项具体措施,按照山洪灾害防御"十个一"的要求,督促乡

(镇)、村(组)切实加强基层防御能力。要加强山洪灾害防御避灾知识宣传,通过宣传牌、宣传栏、明白卡等方式,使每位责任人都能明白自己的责任,明白关键时候自己该在什么地方、该干什么,宣传栏要入村、明白卡要入户、防御知识要到人,确保包保责任不落一户、不漏一人。要加强监测、预警、转移、安置岗位责任人的业务培训,切实提高履职能力。2020年受到疫情的影响,线下培训难度大,因此各地采取了更加多样的形式,线上和线下相结合,将培训常态化。要组织山洪灾害防御演练,尤其是村级预案演练,使相关责任人熟悉防御各环节,切实检验预案的可操作性。在主汛期来临前,所有山洪灾害威胁区的乡(镇)、村都要开展演练,市、县(县级市、区)要组织预案桌面推演。

7. 强化转移安置

要强化预警接收后的应急处置,确保临灾应对有序高效。要把握人员转移时机,果断提前转移山洪灾害威胁区人员,确保人民群众生命安全。接到预警信息或发现山洪灾害征兆后,要督促基层地方人民政府按照防御预案,第一时间组织人员撤离危险区,尤其要做好孤寡老人和留守老、弱、病、残、孕、幼等重点人群的转移,指导督促景区、农家乐、工矿企业、在建工程等人员密集场所做好转移避险工作。

第6章 相关规范文件

6.1 山洪灾害群测群防体系建设指导意见

群测群防体系是山洪灾害防御的重要组成部分,是"把信息变为预警、把预警变为指令、把指令变为行动"的重要环节。为规范和指导各地开展山洪灾害群测群防体系建设,国家防办于 2015 年 3 月组织制定并下发了《山洪灾害群测群防体系建设指导意见》(办汛一〔2015〕13 号),文件全文如下:

一、总体要求

(一) 群测群防是山洪灾害防御工作的重要内容,与监测预警系统相辅相成、互为补充,共同发挥作用,形成"群专结合"的山洪灾害防御体系。山洪灾害群测群防体系包括责任制体系、防御预案、监测预警、宣传、培训和演练等内容。

(二) 山洪灾害群测群防体系建设范围涉及县、乡(镇)、村,重点为村。山洪灾害防治区内的行政村应按照"十个一"建设群测群防体系:建立 1 套责任制体系,编制 1 个防御预案,至少安装 1 个简易雨量报警器(重点区域适当增加),配置 1 套预警设备(重点行政村配置 1 套无线预警广播),制作 1 个宣传栏,每年组织 1 次培训、开展 1 次演练,每个危险区相应确定 1 处临时避险点、设置 1 组警示牌,每户发放 1 张明白卡(含宣传手册)。

二、责任制体系

(一) 山洪灾害防御工作按照防汛抗洪工作行政首长负责制,建立县包乡、乡包村、村包组、干部党员包群众的"包保"责任制体系,并与已有的社区管理体系相结合,实现网格化管理。

(二) 在有山洪灾害防御任务的县级行政区,由县级防汛抗旱指挥部统一领导和组织山洪灾害防御工作。有山洪灾害防御任务的乡(镇)成立相应的防汛指挥机构。

（三）县级、乡（镇）级防汛指挥机构应根据山洪灾害防御工作的需要，设立信息监测、调度指挥、人员转移、后勤保障和应急抢险等工作组。

（四）有山洪灾害防御任务的行政村成立山洪灾害防御工作组，落实相关人员负责雨量和水位监测、预警发布、人员转移等工作，汛前要重点核实人员变化情况、通信联络方式等。

（五）山洪灾害防治区内的旅游景区、工矿企业等单位均应落实山洪灾害防御责任，并与当地政府、防汛指挥机构保持紧密联系和沟通，确保信息畅通。

三、防御预案

（一）按照《山洪灾害防御预案编制导则》（SL 666—2014）的要求编制县、乡（镇）、村山洪灾害防御预案，并根据区域内相关情况变化及时修订。

（二）县级山洪灾害防御预案由县级防汛抗旱指挥部负责组织编制，由县级人民政府批准并及时公布，报上一级防汛指挥机构备案。乡（镇）级、村级山洪灾害防御预案由乡（镇）级人民政府负责组织编制，由乡（镇）级人民政府批准并及时公布，报县级防汛抗旱指挥部备案。县级防汛抗旱指挥部负责乡（镇）级、村级山洪灾害防御预案编制的技术指导和监督管理工作。

（三）县级山洪灾害防御预案包括基本情况、组织机构、人员及职责、监测预警、人员转移、抢险救灾及灾后重建、宣传演练等内容。

（四）乡（镇）级、村级山洪灾害防御预案应简洁明了、便于操作，重点明确防御组织机构、人员及职责、预警信号、危险区范围和人员、转移路线等，附山洪灾害危险区图。

四、监测预警

（一）简易雨量报警器布设在山洪灾害防治区每个乡（镇）、行政村、重点自然村。报警装置须安置在室内，按照山洪灾害防御预案中的预警指标设定报警值。汛期有雨时每天至少观测两次，发生较大降雨时应加密观测频次，并填写相应观测记录。日常维护应注意定期清理室外承雨器筒内异物，检查翻斗是否翻转灵活，检查通信状态，及时更换电池，测试各项功能是否正常。

（二）简易水位站布设在山洪灾害防治区沿河村落，根据实际情况可增加自动报警功能。建桩的简易水位站，水尺桩应设置为混凝土或石柱型，埋设深度要保证坚固耐用，地上部分长度要超过历史最高洪水位，并刷上"警戒水位""危险水位""历史最高水位"等特征水位线和标志。不建桩的简易水位站，选择离河较近的固定建筑物（如桥墩、堤防）或岩石，用防水耐用油漆刷上特征水位线和标志。

（三）配备简易雨量、水位监测设施的村应同时配备锣（号）、手摇报警器、高频口哨、无线预警广播等发布预警信息的设备设施。

（四）放置于野外的监测预警设备设施应有防盗、防破坏的标志，如"防汛设施，严禁偷盗""防汛设施，严禁破坏"等警示文字，要求警示文字清晰、简洁。

（五）在简易雨量报警器、无线预警广播等设备设施的显著位置张贴操作使用说明卡。操作使用说明卡应说明设备操作流程和方法、各提示信号代表的意义、日常维护方法等。

（六）预报有暴雨天气时，县、乡（镇）、村应提前组织做好山洪灾害防御的各项准备工作。

（七）当监测雨量或水位值达到预警指标时，预警人员要按照设定的预警信号迅速向预警区域发布预警信息，并组织群众做好转移准备或立即转移。人员转移避险后要避免出现威胁未解除就擅自返回的情况发生。

（八）汛期山洪灾害防治区内的旅游景区和施工工地要以设立警示牌、发放宣传材料、小区广播等方式，提醒游客和施工人员注意防范山洪，了解转移路线、避险地点，尤其要避免贸然涉水等情况发生。

五、宣传、培训和演练

（一）在山洪灾害防治区应布设宣传栏、宣传挂图、宣传牌、宣传标语等。宣传栏、宣传挂图布设于乡（镇）政府、村委会等公共活动场所；宣传牌、宣传标语布设于交通要道两侧等醒目处。宣传栏应公布当地山洪灾害防御的组织机构、山洪灾害防御示意图、转移路线、临时避险点等内容；宣传牌、宣传标语应用精炼、醒目的文字宣传山洪灾害防御工作；宣传挂图应以图文并茂的方式宣传山洪灾害防御知识，提升群众防灾减灾意识。宣传栏、宣传挂图、宣传牌、宣传标语版面应整齐、统一、规范。各类宣传材料都应有醒目的水利、防汛标志。

（二）在山洪灾害危险区醒目位置设立标牌标志，如警示牌、转移路线指示、特征水位标志等。警示牌应标明危险区名称、灾害类型、危险区范围、临时避险点、预警转移责任人及联系电话等内容。转移路线指示应标明转移方向、临时避险点名称、责任人、联系电话等。特征水位标志包括历史最高洪水位、某一特定场次洪水位、预警水位等。准备转移、立即转移水位应用不同颜色标注。各类标牌标志应醒目、直观、易见，并考虑满足夜间使用要求。

（三）在山洪灾害危险区内，应以户为单位发放山洪灾害防御明白卡。明白卡应包括家庭成员信息及联系电话、转移责任人及联系电话、临时避险点、预警信号等。明白卡版面应当简洁、直观，材料应防雨、防晒、防腐蚀。

（四）在有关培训会议和当地电视台播放山洪灾害防御宣传短片。短片应包含山洪灾害基本常识和危害性、监测预警、避险措施及注意事项等内容。

（五）根据当地的实际情况，鼓励采用丰富多彩的各种宣传方式（如折扇、日历、歌曲、戏曲、语音广播、公益广告等)宣传山洪灾害防御知识。

(六)切实加强对中、小学生的宣传教育,积极争取将山洪灾害防御和避险自救纳入课外教材中,并通过多种形式加强宣传教育。

(七)定期举办山丘区干部群众山洪灾害防御常识培训,培训主要内容包括山洪灾害基本常识和危害性、避险自救技能等。

(八)定期举办基层山洪灾害防御责任人培训,培训主要内容包括山洪灾害防御预案、监测预警设备设施使用操作、监测预警流程、人员转移组织等。

(九)县级每年要组织乡(镇)举办山洪灾害防御综合演练,内容包括监测、预警、人员转移、抢险救灾等。

(十)村级山洪灾害演练以应急避险转移为主,包括简易监测预警设备使用、预警信号发送、人员转移等。

6.2　山洪灾害监测预警监督检查办法(试行)

为进一步加强山洪灾害监测预警监督检查工作,有效发挥监测预警体系作用与效益,水利部于 2020 年 6 月 16 日组织制定并印发了《山洪灾害监测预警监督检查办法(试行)》,文件全文如下:

第一章　总　　则

第一条　为进一步加强山洪灾害监测预警监督管理,规范监督检查行为,确保山洪灾害监测预警工作正常开展,有效发挥监测预警系统防灾减灾效益,根据《中华人民共和国水法》《中华人民共和国防洪法》《中华人民共和国防汛条例》《中华人民共和国水文条例》《水利监督规定(试行)》等有关法律、法规、规章、制度,制定本办法。

第二条　本办法适用于对全国山洪灾害自动监测系统、监测预警平台、预警信息发布等进行监督检查、问题认定和责任追究。

第三条　山洪灾害监测预警监督检查坚持依法依规、问题导向、客观公正、注重实效的原则。

第四条　各级水行政主管部门和水利部流域管理机构是山洪灾害监测预警的监督检查单位,负责实施监督检查,对发现的问题提出整改要求并督促整改,对责任单位和责任人进行责任追究或者提出追究建议。

第二章　监督检查职责

第五条　水利部履行以下监督检查职责:

（一）组织指导实施全国山洪灾害监测预警监督检查工作；

（二）组织对山洪灾害自动监测系统、监测预警平台、预警信息发布等开展现场监督检查，对发现的问题提出整改要求，检查整改落实情况；

（三）对监督检查发现问题涉及的责任人和责任单位实施责任追究或提出责任追究建议。

第六条　水利部流域管理机构履行以下监督检查职责：

（一）指导实施本流域片区内山洪灾害监测预警监督检查工作；

（二）对发现的问题提出整改要求，督促完成整改，并检查整改情况；

（三）对监督检查发现问题涉及的责任人和责任单位提出责任追究建议；

（四）根据水利部授权开展山洪灾害监测预警监督检查工作。

第七条　地方各级水行政主管部门履行以下监督检查职责：

（一）实施本辖区内山洪灾害监测预警监督检查工作；

（二）对下级水行政主管部门开展检查，对发现的问题提出整改要求，督促完成整改，并检查整改情况；

（三）按照管理权限对监督检查发现问题涉及的责任人和下级责任单位实施责任追究；

（四）下级水行政主管部门接受上级水行政主管部门监督检查，按整改要求进行问题整改，报告整改情况。

第八条　省级或县级水行政主管部门是其所负责的山洪灾害自动监测系统、监测预警平台的直接责任单位；县级水行政主管部门是山洪灾害预警信息发布的直接责任单位；省级水行政主管部门是其所管辖范围内山洪灾害监测预警的领导责任单位。直接责任单位应接受上级水行政主管部门组织的监督检查，负责对监测预警监督检查发现问题的自查自纠、整改及材料报送等工作。

第三章　监督检查事项与程序

第九条　山洪灾害监测预警监督检查主要以县级行政区域为单位，选取山洪灾害多发、易发、发生强降雨区域为重点监督检查对象，监督检查事项主要包括：

（一）自动监测站点日常运行状态；

（二）自动监测站点降雨监测、数据接收和在线情况；

（三）县级监测预警平台软硬件日常运行状况；

（四）工作人员操作情况；

（五）预警信息发送接收情况。

第十条　山洪灾害监测预警监督检查采取"线上、线下"相结合的方式开展。

"线上"方式是指监督检查单位通过雨水情实时监控系统和预警信息报送系统对各级山洪灾害监测预警开展情况进行在线监督检查。

"线下"方式是指监督检查单位可根据工作需要派监督检查组对山洪灾害监测

预警实施现场监督检查,主要采取"四不两直"方式开展。监督检查组应尽量配备从事或熟悉山洪灾害监测预警方面的工作人员,加强人员培训。

第十一条　山洪灾害监测预警监督检查按照"查、认、改、罚"4 个环节开展,主要工作流程如下:

(一)制定山洪灾害监测预警监督检查工作方案;

(二)开展山洪灾害监测预警监督检查;

(三)发现并确认问题;

(四)提出问题整改意见;

(五)督促问题整改;

(六)提出责任追究意见或建议;

(七)实施责任追究。

第十二条　监督检查工作完成后,监督检查单位应按要求及时提交监督检查报告,主要包括基本情况、工作开展情况、发现问题、整改要求及责任追究建议等内容。

第四章　问题分类与整改

第十三条　山洪灾害监测预警监督检查发现的问题根据在山洪灾害防御工作中的重要性和严重程度分为一般、较重、严重、特别严重 4 个等级。山洪灾害监测预警监督检查问题分类标准见附件 1。

监督检查组依据附件 1 的规定对发现的山洪灾害监测预警存在的问题及其严重程度进行初步认定。

第十四条　监督检查组在监督检查工作结束时应与被检查单位交换意见,对监督检查发现问题予以确认,必要时可与被检查单位的上级水行政主管部门交换意见。山洪灾害监测预警问题确认单(式样)见附件 2。

第十五条　被检查单位对监督检查发现问题有异议的,可在 5 个工作日内提供相关材料进行陈述和申辩。监督检查组应听取被检查单位的陈述和申辩,对其提出的申述材料予以复核,如对相关问题存在争议或难以判定时,应及时与相关水旱灾害防御部门沟通确认。遇特殊情况或紧急情况须立即整改的,先整改后申述。

第十六条　水利部或流域管理机构对监督检查发现的特别严重问题、严重问题、较重问题和出现频次较多的一般问题,应及时向省级水行政主管部门印发问题整改清单,责成省级水行政主管部门督促被检查单位限期整改。

第十七条　省级水行政主管部门应督促被检查单位按要求整改,建立整改问题台账,制定整改措施,明确整改事项、整改时限、责任单位和责任人等,并将整改落实情况,在规定时限内汇总后反馈水利部和流域管理机构。对严重影响山洪灾害监测预警或不立即处理可能造成重大影响的问题,应密切跟踪整改落实情况。

第五章　责任追究

第十八条　水利部可直接实施责任追究或责成相关省级水行政主管部门实施责任追究,必要时可向省级地方人民政府提出责任追究建议。县级以上地方人民政府水行政主管部门可按照管理权限或根据上级水行政主管部门要求,实施责任追究。

第十九条　责任追究包括对责任单位的责任追究和对责任人的责任追究。

责任单位包括直接责任单位和领导责任单位。

责任人包括直接责任人和领导责任人,其中直接责任人为直接责任单位直接从事山洪灾害监测预警工作的人员,领导责任人为直接责任单位的主要领导、分管领导等。

山洪灾害监测预警直接责任单位、领导责任单位、责任人的责任追究分类标准分别见附件3、附件4、附件5。

第二十条　对责任单位的责任追究方式按等级分为:

(一)责令整改;

(二)约谈;

(三)通报批评(含向省级水行政主管部门通报、水利行业内通报、省级人民政府通报等);

(四)其他相关法律法规、规章制度规定的责任追究方式。

第二十一条　对责任人的责任追究方式按等级分为:

(一)书面检查;

(二)约谈;

(三)通报批评;

(四)建议调离岗位;

(五)建议降职或降级;

(六)法律、法规、规章等规定的其他责任追究方式。

第二十二条　有下列情形之一的,从重认定问题等级、从重实施问责:

(一)弄虚作假、隐瞒山洪灾害监测预警重大问题的;

(二)拒不整改或整改后仍不符合要求的;

(三)拒绝接受监督检查的;

(四)监测预警不到位造成重大人员伤亡或严重影响的。

第二十三条　由水利部实施水利行业内通报批评(含)以上的责任追究,在水利部网站公告6个月。

第二十四条　监督检查人员实施监督检查行为,应遵守相关法律、法规、规章和水利部有关监督管理规定。

第六章　附　　则

第二十五条　地方各级水行政主管部门可参照本办法,制定本地区山洪灾害监测预警监督检查办法。

第二十六条　本办法由水利部负责解释。

第二十七条　本办法自发布之日起施行。

附　　件

附件1:山洪灾害监测预警监督检查问题分类标准

附件2:山洪灾害监测预警问题确认单(式样)

附件3:直接责任单位的责任追究分类标准

附件4:领导责任单位的责任追究分类标准

附件5:责任人的责任追究分类标准

附件1

山洪灾害监测预警监督检查问题分类标准

序号	检查项目	检查对象	问题名称	问题描述	一般	较重	严重	特别严重
				问题等级				
1	自动监测系统运行情况	站点	自动监测站点损坏或功能不正常	1处自动雨量（水位）站点设备不全或外观损坏，经加水测试无法正常报汛，外观损坏		√		
				2处及以上自动雨量（水位）站点设备不全或外观损坏，经加水测试发现无法正常报汛			√	
2			自动监测站点存在奇异值现象	1处或以上自动监测站点报汛值异常	√			
3		接收端	前置机工作不正常	不能查看站点状态，未监测到实时雨常			√	
4		县级	自动监测站点在线率低于90%	站点在线率（正常运行站点/全部站点）低于90%			√	
5			县级到上一级（省市级）网络不畅通	因网络故障导致网站不能访问			√	
6	监测预警平台日常运行情况	县级	县级监测预警平台硬件不能正常运行	县级平台服务器、交换机、路由器等硬件不能正常运行			√	
			省级监测预警平台硬件不能正常运行	省级平台服务器、交换机、路由器等硬件不能使用监测预警平台				√
7		县级或省级	县级监测预警平台软件不能正常运行	县级平台数据接收软件、应用软件、系统软件等不能正常运行（或者平台忘记登记密码无法登陆）			√	
			省级监测预警平台软件不能正常运行	省级平台数据接收软件、应用软件、系统软件等不能正常运行导致省内各县不能使用监测预警平台				√

续表

序号	检查项目	检查对象	问题名称	问题描述	问题等级			
					一般	较重	严重	特别严重
8		县级或省级	县级（或省级）监测预警平台不能正常查询雨水情信息	县级（或省级）平台不能查询到实时雨水情信息		√		
9			县域内水文气象监测站点信息未实现共享	无法通过监测预警平台或相关平台查询县域内水文气象站点实时监测数据	√			
10	监测预警平台日常运行情况	县级	县级监测预警平台不能正常发布预警信息	现场通过监测预警平台发送预警测试短信，发现预警信息发送失败或责任人接收不到预警信息			√	
11			县级监测预警平台软件未设置或未及时更新责任人、预警指标	现场查看平台内置或未及时更新责任人姓名、联系方式，预警指标			√	
12			县级无其他预警信息发布渠道	除平台发布预警之外，未落实传真、电视、广播、微信、政务通、企信通等其他发布渠道之一		√		
13		县级或省级	县级（省级）监测预警平台未配备备用电源或配备后已损坏	未配备 UPS，发电机等设备，或设备出现故障	√			
14		省级	县级（省级）监测预警平台网络通信费用未及时缴纳	因网络通信费用未及时缴纳导致平台无法访问	√			
15		县级	县级水行政主管部门水旱灾害防御工作人员不能熟练查询雨水情信息	现场测试，发现工作人员不能熟练查询近期雨水情信息		√		

续表

序号	检查项目	检查对象	问题名称	问题描述	一般	较重	严重	特别严重
16	监测预警平台日常运行情况	县级	县级水行政主管部门水旱灾害防御工作人员不能熟练发布预警信息	现场测试，发现工作人员不能熟练发布预警信息		✓		
17		县级	未落实专人负责运维管理	通过查看运行维护合同和运维维护日志等相关材料，发现未落实专人负责运维管理或通过委托专业机构或购买服务的方式对监测预警设施设备进行维护	✓			
18	预警信息发布情况	县级	某场强降雨过程，监测雨情水情超过预设的预警指标时，县级平台未能及时发布预警	通过查看强降雨过程预警信息发布记录，判断预警未能发送或发送不成功			✓	
19		县级及以下	预警信息未传达到预警平台内置的相关责任人	通过查询、询问等方式，发现预警平台内置的有关责任人除个人原因外，未通过任何一种方式收到预警信息			✓	
20		县级	未依托基础电信企业向社会公众发布预警信息	通过基础电信企业反馈的相关短信发送记录，发现未向社会公众发布预警信息	✓			

备注：
1. 检查县从山洪灾害防治项目实施县名录中选择。
2. 自动监测站点均指山洪灾害防治项目投资建设的站点，其他项目建设的站点不在监督检查范围内。
3. 通过前置机可查看站点在线情况、电池电压、降雨量等。如自动监测数据先发送到县级、市级，再共享到省，则在县级查看；如站点监测数据一站双发，则一般在省级查看；如监测数据先分发到省，市级，再分发到县级，则在省级查看。
4. 若县级使用省级监测预警平台，检查时表中第6、7、8、13、14项在省级平台中进行检查（责任也在省级），其他需在省级平台共享的问题，存在省、县两级平台共用界面的情况时，二者选其一进行检查。使用各县账号和密码登录县级平台界面进行查看。

附件 2

监督检查单位：

山洪灾害监测预警问题确认单（式样）

检查时间：　　　　　　　　　　　　　　　　　　　　检查人员：

序号	问题	问题等级	佐证材料编号及页码	整改建议	现场整改情况及整改完成时限	备注
1						
2						
3						
4						
5						
6						
7						
8						
9						
…						

备注：被检查单位如对以上问题有异议的，可在现场或 5 个工作日内提供相关材料进行陈述和申辩。

被检查单位联系人（签字）：　　　　　　　被检查单位负责人（签字）：　　　　　　　确认时间：

附件 3

直接责任单位的责任追究分类标准

综合积分（P）	责任追究方式		
	责令整改	约谈	通报批评
$P<10$	√		
$10\leqslant P<30$	○	√	
$P\geqslant30$	○	○	√

备注：

1. 综合积分（P）是指在一次检查中发现的山洪灾害监测预警问题换算成相应分值的累计积分。

2. 单条一般问题的分值为 1，单条较重问题的分值为 3，单条严重问题的分值为 6，单条特别严重问题的分值为 30。

3. "√"为可采用的责任追究方式，"○"为可选择采用的责任追究方式，后表同。

4. 通报批评的范围根据发现问题的数量、问题等级和直接责任单位的性质确定；问题性质严重、影响恶劣的，可直接向省级人民政府分管负责同志和主要负责同志通报，后表同。

5. 一次监督检查有多个直接责任单位时，按各责任单位所负责问题综合积分分别确定责任追究方式。

附件 4

领导责任单位的责任追究分类标准

对直接责任单位的责任追究方式	对领导责任单位的责任追究方式	
	约谈	通报批评
约谈	√	
通报批评	○	√

备注:

1. 同一领导责任单位涉及多个直接责任单位的,以直接责任单位中受到的最严重责任追究方式未确定领导责任单位的追究方式方式。
2. 若直接责任单位与领导责任单位为同一单位,则按此单位最严重的责任追究方式实施责任追究。

附件5

责任人的责任追究分类标准

对责任单位的责任追究	对直接责任人的责任追究					对领导责任人的责任追究			
	书面检查	约谈	通报批评	建议调离岗位	建议降职或降级	约谈	通报批评	建议调离岗位	建议降职或降级
责令整改	○	√							
约谈		○	√			√			
通报批评		○	○	○	√	○	○	○	√

备注:

1. 同一责任单位存在多个直接责任人的,对各直接责任人的责任追究方式,根据其所应负责的问题项数按照附件3认定的对责任单位负责的问题项数确定。对因隐瞒山洪灾害监测预警重大问题,造成重大人员伤亡或严重影响的,水利部可根据责任人负责问题的性质和严重程度,采取建议的责任追究方式确定。

2. 对因隐瞒山洪灾害监测预警重大问题,造成重大人员伤亡或严重影响的,水利部可根据责任人负责问题的性质和严重程度,采取建议调离岗位、建议降职或降级的方式对责任人进行责任追究。

6.3　山洪灾害防御规范化工作清单

为深入贯彻落实水利改革发展总基调,进一步规范各级山洪灾害防御工作,提升山洪灾害防御水平,在总结防御工作基础上,结合山洪灾害防御特点和各地实际,水利部水旱灾害防御司于 2020 年 11 月印发了《山洪灾害防御规范化工作清单》,文件全文如下:

为深入贯彻落实水利改革发展总基调,进一步规范各级山洪灾害防御工作,提升山洪灾害防御水平,在总结防御工作基础上,结合山洪灾害防御特点和各地实际,以一次降雨过程为主线,研究制定如下规范化工作清单。

一、水利部

1. 超前安排部署

结合预测预报结果,及时会商,科学研判,提早安排部署防御工作。视雨情水情工情,向有关地方或有关流域机构提出防御要求或发出通知,进行针对性部署(可结合降雨过程防御通知统筹考虑)。

2. 发布气象预警

会同中国气象局制作发布全国层面山洪灾害(气象)风险预警,橙色级别以上的预警信息在中央电视台发布。

3. 视情抽查检查

根据雨水情预测预报,水利部水旱灾害防御司视会商分析情况,对强降雨覆盖的县级山洪灾害监测预警系统进行抽查检查,必要时派组进行暗访。

4. 及时电话提醒

根据水利部信息中心降雨预报结果,防御司值班人员对强降雨落地区山洪灾害防御情况进行电话提醒,视情抽查有关地区系统运行和值班值守等情况。

5. 现场指导检查

水利部视情派出工作组,现场指导检查各地山洪灾害雨水情监测和预警信息发布情况。

6. 组织灾害调查

当发生一次山洪灾害事件导致人员死亡失踪 3 人以上、10 人以下的,督促省级水利部门开展现场调查并及时提供灾害监测预警和调查情况;当发生一次山洪灾害事件导致人员死亡失踪 10 人及以上的,督促省级水利部门及时提供灾害监测预警情况,派组开展现场调查,分析灾害成因,总结经验教训。

7. 组织信息报送

组织各省按照信息报送有关要求,汛期每半月报送一次山洪灾害防御信息,包括预警县数、预警发布次数、预警信息发送人次（责任人、社会公众等）、山洪灾害发生次数、人员伤亡情况等内容，视情组织临时加报。

二、省级

1. 提早安排部署

收到重要天气报告及气象预警信息，第一时间向强降雨落区的市、县传达部署，提醒做好灾害防御工作。及时组织会商，视情提出要求或下发通知，就防范山洪灾害等做出安排部署，必要时安排工作组指导市、县开展防御工作。

2. 风险提示预警

制作、发布山洪灾害（气象）风险预警，联合三大通信运营商或其他媒体发布公益预警信息，提醒社会公众提高意识，加强防范，规避风险。可根据不同时段气象预测预报，分阶段梯次开展风险预警、转移预警等，进一步明确防御重点，滚动发布预警信息。

3. 站点监视提醒

利用山洪灾害监测预警信息管理系统开展值班值守，实时监控雨水情数据，发现异常站点及时通知相关地区核实并维护整改，尽快恢复功能。预报有强降雨或发现降雨较大、洪水陡涨时，及时提醒市、县发布预警。

4. 平台监视抽查

利用平台软件，查看或督促运行管理单位查看市、县级监测预警平台工作状态，跟踪、了解市、县两级平台上报的预警信息，不定期进行抽查和督察。如发现市、县级平台运行异常，及时提醒并督促整改。对市、县级平台预警信息未及时处理的，应及时提醒；县级平台无法正常运行的紧急情况下，省级应督促市级或主动向县级提供所需信息。

5. 开展灾害调查

一次山洪灾害事件导致人员死亡失踪 3 人及以上、10 人以下的，省级水利部门组织开展事件调查并按要求上报调查报告；导致人员死亡失踪 10 人以上的，配合水利部或水利部流域管理机构开展现场调查。

6. 组织信息报送

组织各市及时报送本辖区山洪灾害监测预警情况及效益情况，包括预警县数、预警发布次数、预警信息发送人次（责任人、社会公众等）、山洪灾害发生次数、人员伤亡情况等内容，视情组织临时加报。

三、市级

1. 及时安排部署

收到重要天气报告及气象预警信息，及时向辖区内区、县传达，提醒做好应对准备。视情组织会商或发出通知，部署防御工作。

2. 风险提示预警

有条件的市,可制作、发布山洪灾害(气象)风险预警,联合三大运营商或其他媒体发布公益预警信息,提醒社会公众加强防范。可根据不同时段气象预测预报,分阶段梯次开展风险预警、转移预警等,提高精准度,明确防御重点,滚动发布预警信息。

3. 站点监视提醒

利用山洪灾害监测预警信息管理系统开展值班值守,实时监控雨水情数据,发现异常站点及时通知各区、县核实并维护整改,尽快恢复功能;发现降雨较大或洪水陡涨时,提醒区、县核实并及时发布预警。

4. 平台监视检查

利用平台软件,查看县级监测预警平台工作状态,如发现异常情况,要及时提醒并督促整改。跟踪、了解县级山洪灾害监测预警平台上报的预警信息,定期组织检查。对县级平台新产生预警信息未及时处理的,应及时提醒相关区、县。出现县级平台无法正常运行的紧急情况时,第一时间向县级提供必要信息。

5. 开展灾害调查

一次山洪灾害事件导致人员死亡失踪 3 人及以上,10 人以下的,市级水利部门配合省级水利部门开展事件调查;导致人员死亡失踪 3 人以下的,市级水利部门组织或督促指导县级水利部门开展现场调查,及时报送防御、处置情况。

6. 组织信息报送

组织各区、县按要求及时上报山洪灾害监测预警情况及效益情况。

四、县级

1. 迅速应对部署

收到重要天气报告及气象预警信息,组织会商研判,对辖区乡镇或部门的山洪灾害防御工作进行针对性部署。

2. 加强排查巡查

根据机构改革实际及部门职责分工,组织或配合政府和有关部门,督促乡镇、村开展雨前排查、雨中巡查和雨后核查。定期组织或提请政府组织相关部门对雨水情自动监测站点、简易监测设备、预警广播等山洪灾害监测预警设施和平台、站点报汛情况等进行检查,及时解决存在问题。

3. 风险提示预警

有条件的县,积极联合三大运营商或其他媒体针对风险区域社会公众发布公益预警信息,提醒公众提高意识,减少出行,规避风险。可根据不同时段气象预测预报,分阶段梯次开展风险预警、转移预警等,明确防御重点,滚动发布预警信息。

4. 严格值班值守

认真履职尽责,强化值班值守,通过山洪灾害监测预警平台实时监控自动监测站点是否在线、雨量(水位)监测数值是否合理。对异常站点要及时整改修复,或督促运行管理单位及时开展故障处理,确保安全管用。

5. 预警信息发布

值班人员通过山洪灾害监测预警系统实时监测雨水情,当监测值超过预警指标产生预警时,应迅速判断并第一时间向带班领导报告,根据会商研判结果,按预案确定的预警信号、流程、方式及时向预警对象发布预警信息。

6. 提请转移避险

根据预警和汛情发展,及时向县防汛指挥部报告,按程序提请基层地方政府和有关部门做好危险区域群众转移避险,妥善做好安置工作。

7. 督导群测群防

按照职责分工,督导或协助督导强降雨落区乡镇、村加强群测群防,指导乡镇、村利用简易雨量(水位)报警器监测预警和发布传递预警信息。督促指导乡镇、村加强危险区巡查值守,发现灾害征兆及时发布预警。

8. 信息统计报送

按要求及时上报山洪灾害监测预警情况及效益等信息;密切跟踪掌握人员转移情况,填写山洪灾害预警信息处理情况表。如发生山洪灾害,做好人员转移情况统计和报送工作。

9. 配合灾害调查

一次山洪灾害事件导致人员死亡失踪 3 人及以上的,县级水利部门配合开展事件调查。一次山洪灾害事件导致人员死亡失踪 3 人以下的,县级水利部门配合市级或按要求及时开展现场调查,报送防御、处置情况。

10. 落实运行维护

积极争取资金,开展或督促运维单位开展山洪灾害防治非工程措施运行维护,做好设备更新改造等工作。

6.4　山洪灾害防御村级预案示范模板

为进一步规范安徽省山洪灾害防御村级工作预案的编制标准,提高可操作性,安徽省水利厅于 2018 年 3 月组织制定并印发了《金寨县南溪镇南溪街道山洪灾害防御工作预案(村级示范模板)》(省防指办电〔2018〕11 号),作为全省村级预案示范模板。文件全文如下:

一、基本情况

南溪街道是南溪镇政府所在地,规划总面积 8 km²,现有 8 个居民组,常住人口 6 000 余人。

南溪街道位于凤凰河下游左岸,河道长约 3 km、宽 30~40 m。凤凰河干流防洪标准达二十年一遇,支流左汊河防洪标准仅五年一遇,沿岸 20 余户居民受洪水威胁较大。根据山洪灾害调查评价成果,本区域受山洪灾害威胁 230 户共 835 人(详见表 6.4.1)。

表 6.4.1　南溪街道山洪灾害影响情况表

影响范围	影响人口		涉及村民组
	户	人	
五年一遇	21	52	程河组(街道一组)
十年一遇	46	131	程河组(街道一组)、街道八组
二十年一遇	230	835	程河组(街道一组)、街道八组、街道三组、街道四组、街道五组

街道上游分布有八一、王畈 2 座水库,其中八一为小(Ⅰ)型水库,库容 162.8×10⁴ m³;王畈为小(Ⅱ)型水库,库容 $16.2×10^4$ m³。

八一水库、王畈水库各建有 1 处自动水位雨量站,南溪街道建有 1 处自动雨量站;八一水库、南溪凤凰河河道各建有 1 处图像监测站;南溪街道还建有 1 套无线预警广播,2 套人工预警设备(手摇报警器、铜锣、高频哨等)和 1 处学校(街道)预警设施。

1991 年以来,南溪街道发生 4 次大洪水,分别为 1991 年 7 月、2005 年 9 月、2009 年 7 月和 2013 年 7 月。其中最为严重的是 2005 年 9 月 2 日洪水,共有 5 户房屋进水,水位最深超房基 1.5 m,受灾 42 人,死亡 1 人。

二、网格化责任体系

南溪街道成立防汛指挥所,承担山洪灾害防御组织指挥工作(详见图 6.4.1)。

街道按居民组和安置点共分 9 个网格,分别明确 1 名包保责任人和 1 名格长。包保责任人负责传达街道防汛指挥所命令,向包保网格内居民发布相关预警信息,督查指导格长做好人员转移工作。格长具体负责人员转移安置工作(详见表 6.4.2)。

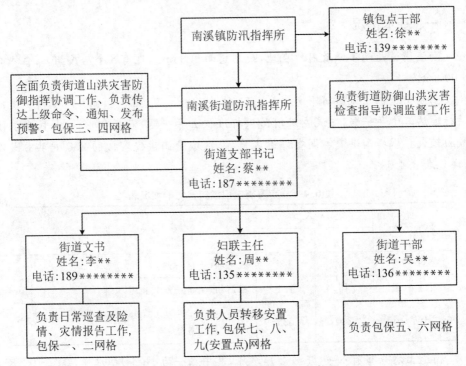

图 6.4.1　南溪街道防汛指挥组织结构图

表 6.4.2　南溪街道山洪灾害防御网格化责任人登记表

序号	网格名称	组别	街道包保责任人	联系方式	格长	联系方式
1	第一网格	程河组（街道一组）	李**	189********	吕**	138********
2	第二网格	街道二组	李**	189********	张**	153********
3	第三网格	街道三组	蔡**	187********	蒋**	138********
4	第四网格	街道四组	蔡**	187********	余**	186********
5	第五网格	街道五组	吴**	136********	王**	180********
6	第六网格	街道六组	吴**	136********	蔡**	185********
7	第七网格	街道七组	周**	135********	汪**	133********
8	第八网格	街道八组	周**	135********	廖**	158********
9	第九网格	八一中学（安置点）	周**	135********	王**	138********

三、预警与响应

1. 预警指标

（1）雨量指标（南溪雨量站），站码50540104，如表6.4.3所示。

表 6.4.3　雨量指标

警报等级	临界降雨量(mm)		
	1 h	3 h	24 h
准备转移	45～60	60～100	100～150
立即转移	≥60	≥100	≥150

（2）水位指标：** 水位站（站码********）；

准备转移：**m（废黄河高程系）；

立即转移：**m（废黄河高程系）。

2. 预警方式

准备转移：电话、短信、村村响及无线预警广播、鸣锣。

立即转移：电话、短信、村村响及无线预警广播、鸣锣、高频口哨、手摇警报器，挨家挨户通知。

3. 预警信息发布和响应

（1）收到县、镇防汛指挥机构预警信息后，按照街道书记→街道包保责任人→格长→居民的流程传递信息。

准备转移：将信息及时通知到所有村干部、格长、危险区内住户和有关单位；做好危险区人员转移准备工作。

立即转移：将信息及时通知到所有村干部、格长、危险区内住户和有关单位；提前转移老、弱、病、残、孕等人员及沿河 21 户 52 人，根据降雨情况和上级命令逐步转移其他受威胁区域人员。

（2）与县、镇信息中断后，由镇包点干部根据降雨量和水位情况发布启动预案命令，转移威胁区群众。

四、转移安置

按照确定好的路线，及时组织人员转移并妥善安置。

五、抢险物资

街道居委会储有 1 000 条编织袋、50 把铁锹、50 只电筒、50 kg 铁丝等；预先联系挖掘机 2 台、铲车 1 台在强降雨期间待命。

六、生活保障

一旦发生灾害,街道包保责任人和格长负责做好转移人员生活保障工作,镇卫生院负责医疗卫生防疫等工作。

附　　件

附件1:南溪街道防御山洪灾害人员安全转移登记表

附件2:南溪街道人员转移安置示意图

附件 1

南溪街道防御山洪灾害人员安全转移登记表

序号	网格	户主姓名	人口	其中老、弱、病、残、孕	联系电话	转移路线	安置点	转移责任人		
								姓名	职务	联系电话
1	一	王***	15	1	138*********	沿路线1	南溪镇"八一"中学	汪***	格长	136*********
2	一	汪***	2	1	136*********	沿路线1	南溪镇"八一"中学	宋***	格长	159*********
3	一	宋***	5	2	159*********	沿路线1	南溪镇"八一"中学	李***	格长	138*********
4	二	张***	4	1	138*********	沿路线1	南溪镇"八一"中学	李***	格长	158*********
5	二	张***	5	2	158*********	沿路线1	南溪镇"八一"中学	张***	格长	130*********
6	三	廖***	9	1	130*********	沿路线2	南溪镇"八一"中学	李***	格长	153*********
7	三	林***	3	0	153*********	沿路线2	南溪镇"八一"中学	王***	格长	187*********
8	三	张***	5	2	187*********	沿路线2	南溪镇"八一"中学	李***	格长	130*********
9	五	田***	5	3	134*********	沿路线2	南溪镇"八一"中学	周**	格长	153*********
10	五	奇***	1	0	139*********	沿路线2	南溪镇"八一"中学	李***	格长	189*********
11	...	...								

附件 2

南溪街道人员转移转安置示意图

6.5　山洪灾害网格化责任体系建设指导意见

为进一步提高安徽省基层防御山洪能力,将防御山洪灾害责任落到实处,减轻山洪灾害损失,安徽省水利厅于 2014 年 3 月组织制定并印发了《安徽省基层防御山洪灾害网格化责任体系建设指导意见》(安徽省防指〔2014〕7 号),文件全文如下:

一、总则

1. 为进一步提高基层防御山洪能力,将防御山洪灾害责任落到实处,减轻山洪灾害损失,特制定本指导意见。

2. 本指导意见适用于山洪灾害易发县(市、区)和乡(镇、街道)、行政村(社区)(以下简称"村级")等基层组织防御责任体系建设与管理,具有行政管理职能的经济技术开发区、旅游度假区、城市新区、生态园区等各类功能区应参照执行。

3. 基层防御山洪责任体系建设的总体要求是组织健全、责任落实、预案实用、预警及时、响应迅速、全民参与、救援有效、保障有力。

4. 基层防御山洪责任体系分县级、乡(镇)级、村级和网格级 4 个层级。

5. 县、乡人民政府负责推进山洪灾害防御网格化建设和管理工作。

二、组织责任

6. 县、乡镇山洪灾害防御指挥机构,由县、乡防汛抗旱指挥部(所)承担相应职能。行政村(社区)应设立防御山洪灾害工作组,由行政村(社区)主要负责人任组长,村级干部为成员,分别负责监测预警、人员转移、抢险救灾、信息收集与报送等防御山洪灾害工作。

各行政村应根据当地实际对防御山洪灾害责任进行网格划分,一般以自然村、居民区、企事业单位、小水库及山塘、山洪与地质灾害隐患点、危房、避灾场所、旅游景点(农家乐)划分网格。

7. 网格应设立防御山洪灾害工作小组或明确若干防御山洪灾害工作责任人,负责网格防御山洪灾害工作。网格防御山洪灾害工作小组或责任人负责及时接收上级的预警和相关防灾部署,并将相关预警信息传递给责任区网格内所有居民;负责本网格内所有居民的防御山洪灾害转移工作,并配合所在行政村(社区)完成转移人员安置等相关工作。

8. 县级防指与各乡(镇、街道)签订防御山洪灾害责任书,乡(镇、街道)与各行政村(社区)签订防御山洪灾害责任书。乡级防指或村级防御山洪灾害工作组与各网格责任人及巡查、监测、预警人员签订合同,明确权利和义务。

9. 网格责任人应了解网格内住户和人员情况,熟悉当地地形、地貌,在汛期应保持 24 小时通信畅通。村级公务栏(公示栏)应公布村内所有网格责任人名单。各网格责任人汛前应核实网格内人员情况,特别要掌握因外出务工或回乡创业等原因导致的人员变化。

10. 每年汛前,县、乡镇防指应根据人员变动情况调整行政村(社区)防汛工作小组责任人和网格责任人,并进行上岗培训,建立责任人数据库。

三、应急预案

11. 山洪灾害防御预案应因地制宜、科学实用、简明扼要,并具有可操作性。

12. 县、乡镇级山洪灾害防御预案应对受威胁范围进行分区、分片、分网格,侧重于包保责任、转移预警和人员转移命令下达,临灾抢险物资、抢险力量的调配。

13. 村级预案应侧重监测预警、应急抢险和人员转移;制作转移避险线路及安置场所图,以表格化或明白卡方式明确责任人职责及进岗到位条件、危险区域户数和人员的数量、预警信号、人员转移条件。村级预案应包括村级范围内的网格划分及山洪灾害防御责任等内容。

14. 山洪灾害防御预案实行动态管理,每年汛前再次应修订完善。

四、监测预警

15. 县级防指要实时监视和收集雨情、水情、工情、山洪与地质灾害等相关信息。乡级要配备传真机、电话机、打印机和雨情、水情、山洪与地质灾害信息的接收设备,根据需要补充完善相应的监测设施;村级及责任区网格要根据需要补充设置人工雨量站、水位尺等简易监测设施,配备无线预警广播、手摇警报器、锣、高频口哨等预警设备设施。

16. 当出现灾害性天气或发生致灾强降雨时,县(区)防指及国土、气象部门应及时发布预警信息,并迅速将雨情、水情、山洪与地质灾害预警信息发送到乡级防指,必要时通过短信、电话等系统发至村级山洪灾害防御工作组及各网格责任人;同时,按预案及时做出部署。乡级防指要将预警信息传递到村级山洪灾害防御工作组及各网格责任人;同时,按预案及时做出部署。村级山洪灾害防御工作组及各网格责任人要将预警信息传递到户到人;同时,村级防御山洪灾害工作组按预案组织开展防御山洪灾害工作,有关负责人及各网格责任人上岗履行职责。

17. 当网格责任人及巡查员、监测员、预警员等发现灾害性天气、致灾洪涝、险情等时,应立即向村级山洪灾害防御工作组负责人,必要时直接向县、乡级防指报告;乡级防指和村级山洪灾害防御工作组应及时处置,并视情况决定是否启动预案,并向上级防指报告。

五、转移避险和救援

18. 当出现灾害征兆或出现险情、灾情时,乡级防指和村级山洪灾害防御工作组应按照预案要求,及时处置,迅速按预案转移人员,同时向上级防指报告。

19. 各网格责任人应按预定的转移的路线和安置地点及时将人员转移到安全地带,并逐户核实人口,确保不遗漏。

20. 当发生人员遇险时,要立即进行救援并向上级报告,就近调集抢险救援队伍。

21. 发布灾害预警后,及时启用避灾安置场所。转移安置人员到达避灾安置场所后,及时进行登记,并妥善安排好基本生活。灾害险情解除后,应组织转移安置人员有序回迁。

六、宣传培训演练

22. 县级和乡(镇)级政府及防汛抗旱指挥部应加强山洪灾害防御知识宣传普及,可采取发放宣传册、明白卡,张贴宣传图、宣传标语,播放宣传片,举办专题讲座等多种方式,让山洪灾害防御知识进校园、进社区,切实提高群众的山洪灾害防御意识。

23. 山洪灾害易发区、地质灾害隐患点、危房、病险水库/山塘下游、洪泛区、低洼易涝区等危险区域均应设置警示标志、标牌,警示标志、标牌由县级防指统一确定规格。

24. 县、乡级防指每年至少举办 1 次针对村级山洪灾害防御工作组及各网格责任人的专题培训班。各责任人及巡查、监测、预警人员应掌握必备技能。

县、乡级防指每年应组织开展山洪灾害防御预案演练。

七、保障措施

25. 县级、乡级财政每年应安排防御山洪灾害工作经费。

26. 县、乡级防指应整合民兵预备役、森林防火队、治安巡逻队、企业等人员,建立应急抢险队,配备必要的巡查设备和抢险工具。村工作组应选择青壮年组建山洪灾害防御抢险队。县、乡级防指应对县、乡、村抢险救援队伍进行登记造册。

27. 县、乡政府应推进乡、村、网格三级避灾安置场所规范化建设,形成避灾安置网络。避灾场所具备基本生活设施、消防安全设施、照明温控设施和物资储备设施,配备必要的广播、通信、电源、医疗急救等设施。建立避灾安置场所的启用、入住登记、卫生防疫、生活救助、人员回迁等工作机制。每年汛前,由县级或乡镇政府组织对避灾场所进行安全检查,不符合要求的不得作为避灾安置场所继续使用。

28. 各级防指应加强防御山洪灾害工作责任监督,严肃防汛纪律。因失职、渎职或工作不力,影响防御山洪灾害工作,造成一定损失的,对负有防汛责任的单位或个人,防指将视情通报批评;情节严重、造成损失或者影响很大的,防指可建议有关部门进行行政处分或组织处理;构成犯罪的,依法移交司法机关追究刑事责任。

八、工作安排

20. 从 2014 年始,用 2 年时间完成网格责任体系建设;于 2014 年汛前达到了"预警到村、信息到户"目标。

30. 各市防指要加强工作指导,各县防指要加强网格化责任体系建设实施,督促乡镇、村及网格按照要求落实责任,切实提高山洪灾害防御能力。

6.6 山洪灾害防御演练脚本

本节展示安徽省霍山县 2018 年山洪灾害防御演练所使用的脚本。

一、开场环节

7:50,背景音乐起,LED 大屏幕显示字幕:"霍山县 2018 年山洪灾害防御演练"。

8:00,观摩人员在指定位置下车,由引导员引指到观摩区就座。参演人员在各演练地点和区域准备就绪、集结待命。

8:10,原背景音乐停止,主持人开始解说(配轻音乐,音量小):

各位领导,各位来宾:大家上午好!

山洪灾害防御是减少山洪灾害损失的重要措施,山洪灾害防御演练是做好山洪灾害防御工作的重要手段。切合实际的山洪灾害防御演练可以有效提高山洪灾害防御水平,全面增强山区村民防灾避险意识和自救自护能力,对山洪来临时保障群众生命安全有着重要意义。

习近平总书记指出:"必须牢固树立灾害风险管理和综合减灾理念,坚持以防为主、防抗救相结合,坚持常态减灾和非常态救灾相统一,努力实现从注重灾后救助向注重灾前预防转变,从应对单一灾种向综合减灾转变,从减少灾害损失向减轻灾害风险转变。"

为深入贯彻新时代防灾减灾理念,落实各级政府对今年防汛抗旱工作的要求。今天,我们在六安市霍山县黑石渡镇黄家畈村举行 2018 年山洪灾害防御演练。本次演练旨在进一步强化防大汛、抗大洪、抢大险、救大灾意识,检验防汛抢险队伍训练成果,提升应急抢险救援能力,时刻应战可能发生的大洪水、大灾害。

本次演练由霍山县水务局主办,霍山县黑石渡镇协办,黄家畈村承办。

下面,隆重介绍参加今天演练观摩的各位领导和来宾。他们是:＿＿＿＿＿＿＿＿＿

＿＿＿＿＿＿＿＿＿＿＿＿＿＿＿＿＿＿＿＿＿＿＿＿＿＿＿＿＿＿＿＿＿＿＿＿。

【对其他参与领导根据报道情况进行介绍。】

霍山县参加人员有县委副书记、县长、县防汛抗旱指挥长＿＿＿＿＿＿，县防汛抗旱常务副指挥长＿＿＿＿＿以及县水务局、各乡（镇）主要负责同志。

8：14，请各位领导和来宾在观摩区稍候，请演练人员做好准备，2018 年霍山县山洪灾害防御演练即将开始。本次演练得到省、市防汛办高度重视，并给予了有力指导、支持。为提高演练的科技含量和真实度，安徽省水利科学研究院出动两架无人机现场跟拍，县防指安排多视角视频转播，所有画面将实时传输到现场大屏【提高背景音乐声，LED 屏幕显示"演练进入倒计时"】。

8：15，现场演练总指挥（暂定为黑石渡镇镇委书记，以下简称"总指挥"）从村部门前小路小跑至观摩区，面向现场观摩总负责人（暂定霍山县县委副书记、县长，以下简称指挥长）报告。

总指挥："报告指挥长，霍山县 2018 年黑石渡镇山洪防御演练现场准备工作完毕，参加演练人员全部到位，现在是否开始，请指示！"

指挥长："开始！"

【现场配音】音响师播放狂风骤雨的配音。

二、监测环节

8：16，【现场播放县防指监测室视频画面】由县防汛办工作人员登陆"山洪灾害预警系统平台"。

现场视频显示"山洪灾害预警系统平台"画面，防汛办工作人员提前置入 1 h 80 mm 的降雨量数据，使大屏显示预警画面【此处要提前录制】。

8：16，【现场旁白】下面主持人宣布进行演练第一个科目。

主持人："各位领导，现在进行第一个科目——山洪监测，当前山洪灾害防御已基本实现信息化，降雨量、河道水位实现了自动化监测、自动化预警，为山洪灾害防御提供了有力地数据支撑，为防汛指挥机构提供了决策依据，大大提升了山洪灾害防御综合能力。"

8：17，【现场对话】县水务局局长提前在村委会一楼办事大厅等候，黑石渡镇镇长已位于村委会二楼会议室。县水务局局长模拟用手机拨打黑石渡镇镇长的电话。

县水务局局长："×镇长，您好！我是县防指××，请问黑石渡镇目前降雨情况如何？"

黑石渡镇镇长："黑石渡镇目前普降大暴雨，河道水位上涨较快，镇里相关人员严阵以待，已做好防洪抢险准备。通过询问各村，我们了解到黄家畈村深水河区域河水上涨迅速，情况不容乐观，我们已要求该村做好巡查和监测，随时向镇防指汇报情况。"

县水务局局长："根据气象部门的预测，黑石渡镇区域降雨仍将持续。你们要加强巡查和监测,密切关注雨情、水情,必要时果断组织人员转移,确保人民群众生命安全。"

黑石渡镇镇长:"好的!"

8:19,【现场旁白】主持人:"2018年4月14日7时起,霍山县出现强降雨,黑石渡镇黄家畈区域1 h降雨量达80 mm,已超该镇历史极值。县防指通过监测预警平台发现预警信息,县水务局局长在与黑石渡镇镇长进行电话核实后,立即向县指挥长报告。经过县防指会商研判,决定立即启动山洪灾害防御应急响应,要求黑石渡镇按照预案要求,立即转移黄家畈区域受威胁群众,确保人民群众生命安全。"

8:20,【现场切入巡查员巡查视频画面】黄家畈村巡查人员×××身着雨衣,胳膊上带红色袖套,正在沿深水河堤防查看水位情况。

三、会商环节

8:20,【现场旁白】主持人:"各位领导,现在进行的是第二个科目——会商。会商的目的是在山洪灾害即将发生前,通过会议对灾情进行评估和预测,对下一步采取的措施进行快速决策,并确定处理方案。"

8:20,【现场对话】指挥长、水务局局长提前位于村部一楼大厅,手持话筒进行对话【仅传送声音无图像】。

水务局局长:"报告指挥长,经山洪灾害预警平台预警,并与黑石渡镇镇长核实,黑石渡镇近1 h降雨量达80 mm,目前降雨仍在持续。该镇黄家畈村深水河水位上涨迅速,可能出现漫堤险情,附近住户十分危险!建议立即向黑石渡镇下达指令,要求转移低洼区域受威胁人员,确保群众生命安全。"

指挥长:"知道了,我立即向黑石渡镇下达转移指令!"

8:22,【现场对话】县防指指挥长向黑石渡镇镇长,镇防汛总指挥下达转移指令。

指挥长:"×××镇长,我是县防指挥长×××,刚才我们和气象、水务等部门进行了会商。你镇黄家畈村旁的深水河可能会出现漫堤险情,为确保群众生命安全,请你镇立即组织受威胁人员的转移工作,确保不漏一户、不落一人!"

黑石渡镇镇长:"请指挥长放心,我们立即组织人员转移工作!"

8:23,【现场切入巡查员向村支书报告视频画面】巡河人员发现深水河水位暴涨,立即向村支书报告【模拟电话对话,实际为无线图传对话】。

巡查员:"×书记,刚才巡河发现深水河水位涨了将近1.5 m,可能会漫堤,旁边的住户需要立即转移到高处。"

村支书:"晓得了,我们正在部署,你继续做好巡查监测,有情况再跟我报告。另外,你要注意自身安全。"

巡查员:"好的,知道了!"

8:24,【现场切入会商场景视频画面】以黄家畈村委会二楼作为(黑石渡镇)镇级会商室。视频切入黑石渡镇会商室场景和同期声音,黑石渡镇镇长、副镇长、驻点黄家畈村村委员、镇委副书记、镇水利站站长、人武部长兼党政办主任以及黑石渡镇其他4名班子成员等陆续来到会商室,围坐在会议桌旁。黑石渡镇镇长开始部署会商会议。

黑石渡镇镇长:"同志们,刚才接到县防汛指挥长电话,我镇黄家畈区域1 h降雨量达到80 mm,深水河水位暴涨,可能发生山洪灾害,黄家畈村低洼区域群众生命安全受到威胁,县防指要求我们立即启动预案,并开展群众转移工作。"

副镇长:"×镇长,我建议立即启动黑石渡镇黄家畈村山洪灾害应急响应,所有镇级包保干部立即前往黄家畈区域,组织群众转移。"

黄家畈村村委委员:"我刚才已经打电话给黄家畈村委会,所有村干部和村级应急救援小分队、网格长已到位。"

镇水利站站长:"黄家畈低洼处紧靠深水河,应遵循低处转高处的原则,严格按照预案要求将居民转移到安全地点,转移过程中要注意安全。"

黑石渡镇镇长:"好,现在我命令:

(1) ×委员,你负责通知村两委,立即做好群众转移安置和后勤保障工作;同时,安排村级巡查员继续加强巡查,随时报告情况,并注意自身安全。

(2) ×书记(黑石渡镇镇委副书记),你负责安排镇派出所对黄家畈道路进出口进行交通管制,禁止非抢险车辆和人员通行。

(3) ×镇长(黑石渡镇副镇长)、×委员,你俩立即赶到黄家畈村现场指挥转移,并随时向我报告危险区域汛情及抢险救灾工作进展情况。"

大家共同回答:"知道了!"

黑石渡镇镇长:"那我们分头行动,散会!"

8:28,【现场旁白】主持人:"黑石渡镇会商会议召开后,各工作人员全部进入工作状态,镇防汛抗旱指挥部立即向黄家畈村下达转移指令。"

8:28,【现场切入黄家畈村会商视频画面】切入黄家畈村一楼会议室场景和同期声音,黄家畈村村支书、副书记、民兵营长、妇女主任、扶贫专干、村卫生室卫生员以及村应急救援小分队人员等围坐在会议桌旁。黄家畈村村支书主持会议。

8:29,【现场切入镇会商室对话】黑石渡镇指挥长模拟电话通知黄家畈村×书记。画面结合对话由镇会议室与村会议室之间互相切换。

黑石渡镇镇长:"×书记,你们那边情况怎么样!"

黄家畈村村支书:"×镇长,我们这现在雨下得非常大,我们正在组织相关人员密切监视雨水情。深水河水涨势比较猛,过去20 min已经上涨将近1.5 m了。"

黑石渡镇镇长:"形势严峻,我们也刚刚开完会商会议,刚才×委员已向你转达了指挥部转移命令,请你们严格按照预案要求,立即将深水河旁低洼地带群众转移到安全区域。"

黄家畈村村支书:"好的,我们马上组织转移!"

8:31,【现场旁白】主持人："现在大家看到的是村级会商室。黄家畈村村支书接到镇长指令后,立即召开会议,对具体工作进行快速分工,村级各项山洪灾害防御工作正按照预案要求有条不紊地展开。"

【村会议室场景】与现场大屏幕视频进行同期声像传输。参会人员在会议桌上翻看山洪灾害防御应急预案,大家边看、边讨论,黄家畈村村支书主持村级会议。

黄家畈村村支书："各位同志,现在雨下得很大,深水河水位上涨迅速,情况紧急。刚才我又接到镇防汛指挥部命令,要求我们立即转移低洼区域群众。现在我把任务分一下:×主任(妇女主任),你到广播室开启预警广播,通知群众立即转移,要循环播报;×营长(民兵营长),你通知低洼地带那4个网格长立即按照预案要求进行转移,并带领应急小分队敲铜锣、吹口哨,把报警器摇起来,大家一定要挨家挨户通知到,确保'不漏一户、不落一人';×书记(村支部副书记)、老×(卫生员)、小×(扶贫专干),你们3个把旁边学校教室收拾出来,做好群众转移安置准备,群众转移过来后把人员清点登记一下,确保人员全部安全转移;其他人跟我一起,下去挨家挨户分头通知,引导群众安全转移。就这样!我们立即分头行动!"

四、预警环节

8:33,【大屏幕画面】移动摄像机出动,拍摄村级人员从村部出来场景,防汛办工作人员助村人员开启预警广播滚动播放信息(或者提前录制,现场播放);村应急救援小分队成员把手摇报警器推至村部下拐的深水河旁堤防水泥路上并摇响;同时负责敲铜锣、喊话、吹口哨。

8:33,【现场旁白】主持人："各位领导,现在大家看到的是本次演练的第三个环节——预警发布,这个环节重点展示预警广播、手摇报警器等预警设备的使用。通过村委会发布指令后,各工作人员分头行动,千方百计让群众知道险情来临,并以最快速度组织群众安全转移。"

【现场声音1】预警广播声、铜锣声、手摇报警器声此起彼伏!同时配狂风、暴雨、打雷等声音(可不要配音,但会影响效果)。

【现场声音2】村应急救援小分队成员2人负责摇动手摇报警器。

【现场声音3】持铜锣人员边敲边喊:"山洪来了,请大家马上转移到黄家畈小学!"村应急救援小分队成员吹口哨。

【现场声音4】预警广播在播报警报声间歇期间,插入喊声:"各位村民,山洪要来了,山洪要来了,大家赶快转移到黄家畈小学!"【提前安排人员和县防汛办工作人员一起在预警广播话筒前待命,或者提前录制,现场播放】

五、转移环节

8:36,【现场视频画面】现场大屏幕显示移动摄像机跟拍和无人机航拍的画面。移动摄像机重点跟拍挨家挨户通知和沿深水河旁道路由低洼处向高处(学校)有序转移的画面,航拍画面主要播放转移情况全景,两画面由主机导播根据实际情况进行切换。

8:36,【插入现场旁白】主持人:"预警发布后,紧接而来的是我们今天的第 4 个环节——模拟人员转移。这个环节重点展示各包保责任人、网格长挨家挨户按照预案指定转移路线将群众转移到安全地点的场景。"

【上述 3 种现场声音继续,但是要降低频次,持续到人员基本进入安全地点后停止!持续 1~2 分钟】

【现场场景】众多转移群众随身携带简易生活用品,相互帮助、扶老携幼,撤离井然有序。

8:38,主持人:"通过有效预警,各级网格化包保责任人、网格长正在协助受威胁区域人员转移。近几年,霍山县经历了 2015 年"8·9"和 2016 年"6·30"特大洪灾,我县通过山洪灾害网格化包保的方式,在灾害来临前及时、有效地转移了受威胁区域的群众,有力地保障了人民群众生命安全。"

六、救援环节

【需要消防队配合,救援地点需消防队确认】

8:39,【插入现场旁白】主持人:"各位领导,现在开始本次演练第五个科目——应急救援。今天,我们主要结合实际场地,模拟山洪灾害中抛投绳索救援的场景。抛投绳发射器质量轻、体积小、抛射距离远、救生效率高,尤其适应山区河流救援需要。"

【现场画面:移动摄像机拍摄河对岸村民求救场景,2 位村民(由消防队员扮演)在河对岸不停地挥舞上衣】

8:40,主持人:"人员转移到安全地点后,经清点登记,发现应转移人员中有 2 名村民没有转移到位,村指挥长命令相关人员继续到该 2 名失踪村民家中或附近搜寻。此时,刚好接到巡查人员来电报告,发现某处疑似有 2 人被洪水围困,请求救援。"

8:41,【现场对话】杨××(巡查员)模拟打电话向村党支部书记汇报情况。

巡查员:"×书记,刚才在巡河过程中我看到有 2 个人在深水河堰坝拐弯处的对岸,我看不太清,但是我听到他们在喊救命,赶快派人过来查看。"

黄家畈村村支书:"好的,知道了!"

黄家畈村村支书继续说:"×××(村应急救援小分队成员),你马上组织救援队员,我们一起到现场看看。"

8:42,【现场视频画面】10 名统一着迷彩服的村搜救人员从村部出发,到深水河旁进行查看。深水河对岸有 2 名被困群众,此时水深流急,无法回到安全地带,正在挥舞衣服呼救。

8:43,【现场对话】黄家畈村村支书到现场查看情况后,与村应急救援小分队队长简短商量,由于村应急救援小分队不具备救援条件,遂通过电话向镇指挥部汇报请求支援。

黄家畈村村支书:"×镇长,我们村有2位村民现在被困在深水河对岸,我们的救援人员没有工具,过不去,被困人员十分危险,请你前来支援。"

黑石渡镇镇长:"好的,你们先组织安抚和营救,我马上派镇应急救援队到现场协助你们进行救援。另外,在镇应急救援队到达前,你们要让被困村民保持冷静,千万不能冒险过河。"

黄家畈村村支书回答:"明白!"

8:44,【现场视频画面】移动摄像机继续跟拍被困人员现场的场景,重点显示被困人员位置和村应急救援小分队人员安抚被困人员场景。

8:44,【现场旁白】主持人:"黑石渡镇指挥部在接到黄家畈村的求救电话后,第一时间派出应急救援队携带专业的救援工具,以最快速度赶到现场,在对现场进行简单查看和了解后,快速制定救援方案,对被困群众展开了救援。"

【场景】镇里10名统一着迷彩服的救援队员提前待在村部旁边的巷子里,主持人话说完后,立即跑步到救援地点。

8:45,【现场对话】镇、村救援队队长现场对话,需靠近话筒。

镇救援队队长:"你们这条河有多宽、水有多深? 被困人员被困了多长时间? 他们多大年纪? 你们有没有开始救援?"

村救援队队长:"这条深水河大约宽60 m,深2.5 m,我们刚才用高音喇叭向对面喊话了,但是没有答复,估计他们非常害怕。"

黄家畈村村支书:"刚才我们问了下转移过来的老百姓,他们讲困在对岸的是我们村的王××和李××(由消防队员扮演),两人都是30多岁,今个到街上办事,现在水流湍急,他们被水围困,十分危险。"

镇救援队队长:"好的,我知道了!"

8:47,【现场视频画面】移动摄像机继续跟拍现场对话和救援画面,重点为镇救援队发射抛投绳的场景以及人员通过固定的抛投绳牵引上岸的场景【由消防队人员组织】。

【场景】镇救援队人员利用抛投绳进行救援:先是把救生衣、安全带扔过去,然后被困人员穿上救生衣。再将抛投绳发射过去,被困人员把绳子固定在大树上。接下来被困人员将安全带系在身上,将挂钩挂在绳索上慢慢被牵引过来。

【此场景用时10~15分钟,主持人根据情况,适时插播以下4段山洪灾害防御情况介绍和霍山县的工作成果】

主持人:"各位领导,我们现在看到的是镇、村两级应急救援队营救被困群众的场景。众所周知,山洪灾害是由沿河流及溪沟暴涨暴落的洪水及伴随发生的滑坡、崩塌、泥石流而给人类社会系统所带来的危害,其主要特点是:季节性强、频率高、区域性明显、易发性强、来势迅猛、成灾快、破坏性强、危害严重。"

　　主持人："霍山县从 2014 年开始就学习黄山经验,在全县建立了山洪灾害防御网格化责任体系,制定了预警、撤离、救援及抢险方案,建立了县、乡、村、组、户'五位一体'的高效联动防范体系。当遇雨情或恶劣天气时,县直单位和乡(镇)包保责任人迅速进入包保村,掌握雨情、水情,协助做好相关防汛准备;当出现灾害征兆或险情时,包保责任人能够第一时间协助村两委、网格巡查预警人员通过广播、电话、短信等形式向村民发出预警,并按照预案要求转移人员,做到不漏一户、不漏一人,确保人民群众生命安全。"

　　主持人："现在我们可以看到,救援队员已经把救生衣、安全带等救援设备通过抛投器扔到河对岸了,被困群众穿戴好后,将顺着绳索牵引过来。之所以采取这种方法进行救援,是因为山洪发生时,降雨量大,流域上形成的地面径流更大,而山区河道狭窄、坡降大,水流速度快,正常的冲锋舟、皮划艇救援方式在这种环境下无法实施。所以说,我们今天的救援不仅仅是表演,更是把汛期可能遇到的最真实情况展现给大家,最大化模拟实际场景。"

　　主持人："在实际防御山洪灾害过程中,成立救援队是最符合实际要求的做法。以镇、以村甚至以大网格为基础,都可以成立救援队。当遇到特殊情况和自然灾害时,可以保证镇、村救援队随时可以拉得出、救得了,可以最快速度救民于危难,可以最大化降低群众损失。在 2015 年和 2016 年两次大洪水中,霍山县各级救援人员近 4 000 人同时出击,在抢险救灾过程中发挥了重要作用。"

　　【现场同期声音】工作人员手持话筒,将救援现场救援队员的对话、声音传到现场音响。

　　9:00,【现场视频画面】被困人员解救上岸后,救援队员协助等待在岸边的医护人员用担架将救上岸的群众抬至安置场所。医护人员并用听诊器、血压计等检查被救人员身体状况。

　　9:00,【现场旁白】主持人："在镇、村两支救援队的共同努力下,经过近 20 min 的紧张救援,被困人员终于被救上岸,现场响起了热烈的欢呼声和掌声!"

　　9:01,【现场对话】救援队员有序撤出演练区域,镇救援队队长用电话向镇防汛指挥长报告。

　　镇救援队队长："×镇长,被困的 2 名村民已安全救出并转移到安置点。其他受威胁区域人员也全部转移到黄家畈小学,如有新情况我们将随时汇报,请放心。"

　　黑石渡镇镇长："好的,你们辛苦了!"

七、慰问群众环节

　　9:02,【插入现场旁白】主持人："经过县、镇、村三级防汛抢险人员的共同努力,黄家畈村在深水河洪水来临之前,有条不紊地将低洼地带 21 户居民全部安全转移到了黄家畈小学,被洪水围困的 2 名人员也安全解救,人民群众的生命安全得到保障。"

【现场视频画面】大屏幕切换到学校安置区的室内摄像头,显示学校里的教室中课桌、椅都已经排好,村委会人员向转移的群众发放被褥、矿泉水、方便面等物资。

9:03,主持人:"为确保灾民有饭吃、有衣穿、有房住、能就医,黑石渡镇副镇长、镇驻村党支部委员代表镇党委、政府到安置点进行慰问,并询问包保干部和村委会负责人受威胁区转移人员具体情况。"

9:04,【黄家畈小学室内对话】黑石渡镇副镇长与黄家畈村党支部书记在黄家畈小学安置点室内进行对话,同期声像传进大屏幕。

黑石渡镇副镇长:"×书记,目前转移安置情况怎么样了?"

黄家畈村村支书:"×镇长、×委员,我村低洼区域应转移群众 21 户 53 人,现在已经全部转移至安全区域。我们还安排了村卫生室的卫生员查看大家的身体状况,镇民政办提前也安排了相应的物资,现在总体情况良好。"

副镇长现场又随机询问几位群众,主要问是否有吃的、喝的,等等。

副镇长:"各位乡亲,因为突降暴雨,大河水猛涨,你们住的地方现在不安全,所以把你们安置到这里。你们不要惊慌,洪水一退就能回家了。"

现场安排 1 名群众讲话。

×××群众:"感谢政府,感谢领导,幸亏你们通知啊,要不是政府通知我们转移,我们都要被淹掉了。想想都害怕!现在这场子有吃的、有喝的,跟家里面差不多。真要谢谢你们!"

八、解除警报环节

9:08,【插入现场旁白】主持人:"一天后,霍山县范围内降雨停止。根据气象部门预报,未来我县以多云转晴天气为主。鉴于深水河河道水位已大幅下降,县防指决定解除应急响应。"

9:09,【现场对话】黑石渡镇防汛总指挥与黄家畈村党支部书记通话。

总指挥:"×书记,今天雨已经停了,河道水位也下去了。根据气象预报,未来几天也没雨,你们今天可以安排群众返回家中了!"

黄家畈村党支部书记:"总指挥,昨天有几户群众家中进水了,我们已安排人员到现场看看,如果没有危险,我就通知他们回家了!"

总指挥:"好的,还是你们想得周到。如果有其他要求,可以随时打我电话,总之还是那句话,无论如何要确保人员安全。"

黄家畈村党支部书记:"谢谢总指挥关心,我们一定注意安全,有新情况立即向你汇报!"

【现场插入声音】预警喇叭连续播报:"各位村民,山洪灾害警报已解除,你们可以返回家中了!"

【现场视频画面】跟拍摄像机拍摄安置点群众陆续从学校出来沿深水河返回家

中,大屏幕根据人员移动路径随时切换摄像头。无人机航拍画面也一并切入。

九、结束环节

9:12,【现场声音】县观摩总负责人手持话筒宣布:"同志们,经过大家的共同努力,本次山洪灾害演练设定科目全部演示完毕,现在我宣布,本次演练结束!"

主持人:"各位领导,今天上半场山洪灾害现场演练已经结束,下半场内业培训安排在南岳山庄一楼会议室,请大家从观摩区有序撤离、集中乘车! 谢谢大家!"

【现场配音】响起背景音乐,人员离场。

附录 1 安徽省山洪灾害防御县(市、区)名录

序号	行政区划	县(市、区)名称
1	合肥市(1个)	庐江县
2	六安市(5个)	金寨县、舒城县、霍山县、裕安区、金安区
3	马鞍山(1个)	博望区
4	芜湖市(3个)	南陵县、繁昌区、无为市
5	安庆市(9个)	迎江区、太湖县、潜山市、桐城市、怀宁县、宿松县、宜秀区、岳西县、望江县
6	池州市(5个)	东至县、石台县、贵池区、青阳县、九华山风景区
7	黄山市(8个)	休宁县、祁门县、屯溪区、黟县、黄山区、徽州区、歙县、黄山风景区
8	宣城市(7个)	旌德县、宁国市、广德市、绩溪县、泾县、宣州区、郎溪县
9	铜陵市(4个)	义安区、铜官区、枞阳县、郊区

附录 2　山洪灾害防御体系框架

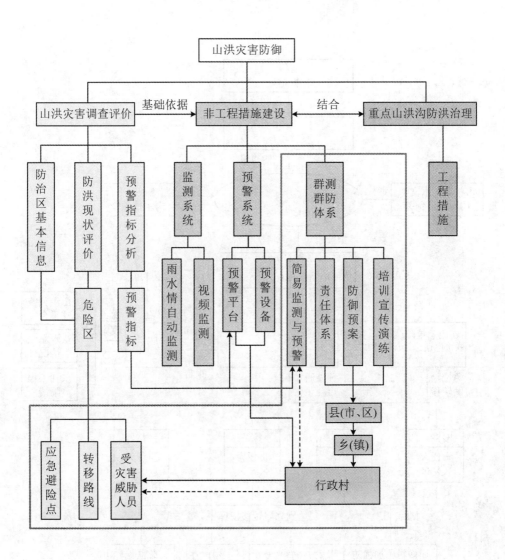

附录3 安徽省网格化山洪灾害防御体系路线图

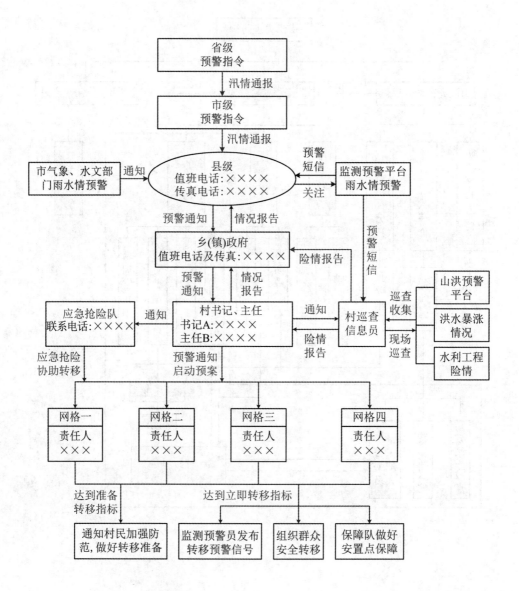

附录4 安徽省山洪灾害防御工作流程

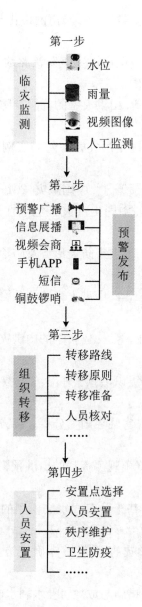

参 考 文 献

［1］ 余德馨,殷松梅,王泳.安徽岳西县防汛网格化管理实践[J].中国防汛抗旱,
    2016,26(3):84-86.

［2］ 何秉顺,黄先龙,郭良.我国山洪灾害防治路线与核心建设内容[J].中国防
    汛抗旱,2012(5):19-22.

［3］ 何秉顺,郭良,常清睿,等.山洪灾害的群测群防[M].北京:中国水利水电出
    版社,2017.

［4］ 涂勇,何秉顺,郭良.中国山洪灾害和防御实例研究与警示[M].北京:中国
    水利水电出版社,2020.

［5］ 何秉顺.浅谈自然灾害预警[J].中国减灾,2019,12(6):44-47.

［6］ 赵刚,庞博,徐宗学,等.中国山洪灾害危险性评价[J].水利学报,2016,47
    (9):1133-1152.

［7］ 马建华,胡维忠.我国山洪灾害防灾形势及防治对策[J].人民长江,2005,36
    (6):3-5.

［8］ 马建明,刘昌东,程先云,等.山洪灾害监测预警系统标准化综述[J].中国防
    汛抗旱,2014,24(6):9-11.

［9］ 胡维忠,叶秋萍,陈桂亚,等.构建科学的山洪灾害监测预警系统[J].中国水
    利,2007(14):34-37.

［10］ 何洋,宁芊,赵成萍.县级山洪预警平台专题数据库设计与应用[J].人民长
    江,2014,45(2):45-45.

［11］ 陈桂亚,袁雅鸣.山洪灾害临界雨量分析计算方法研究[J].人民长江,2005,
    36(12):40-43.

［12］ 江锦红,邵利萍.基于降雨观测资料的山洪预警标准[J].水利学报,2010,41
    (4):458-462.

［13］ 郭良,唐学哲,孔凡哲.基于分布式水文模型的山洪灾害预警预报系统研究
    及应用[J].中国水利,2007(14):38-41.

［14］ 李昌志,孙东亚.山洪灾害预警指标确定方法[J].中国水利,2012(9):
    54-56.

［15］ 张志彤.山洪灾害防治措施与成效[J].水利水电技术,2016,47(1):1-5.

［16］ 胡余忠,李京兵,王萍,等.安徽省防御"利奇马"台风工作启示[J].中国防汛

抗旱,2019,11(29):9-13.

[17] 胡余忠,章彩霞,张克浅,等.安徽黄山市"2013.6.30"洪水致灾原因及防治思考[J].中国防汛抗旱,2013,23(5):14-15.

[18] 程晓陶.让沙兰悲剧不再重演[J].中国应急救援,2007,(5):12-15.

[19] 刘传正.甘肃舟曲 2010 年 8 月 8 日特大山洪泥石流灾害的基本特征及成因[J].地质通报,2011,30(1):141-150.

[20] 赵映东.舟曲特大山洪泥石流灾害成因分析[J].水文,2012,32(1):88-91.

[21] 芮艳杰,何秉顺,汤喜春,等.湖南绥宁县"2015.6.18"山洪灾害及其防御[J].中国防汛抗旱,2015,25(5):60-63.